高等职业教育安全防范技术系列教材

U0150195

安防系统维护与设备维修

（第3版）

罗明从　温怀疆　王　培　著

电子工业出版社·

Publishing House of Electronics Industry

北京·BEIJING

内容简介

本书立足于安防系统维护与设备维修，以《安全防范设计评估师》《安全防范系统安装维护员》国家职业标准为依据，安防典型子系统及设备整机为载体，深入剖析了安防系统的一些典型产品，探索了这类产品的简单维修和维护方法；介绍了入侵报警及出入口控制系统、视频安防监控系统等安全防范子系统维护的方法；同时介绍了各系统主要设备常见的、典型的、简单的故障排除方法。本书是培养安防技术专业职业能力和职业素养的专业课程用书，主要面向安防工程售后技术支持和工程系统维护两大重要工作任务领域，充分体现了"学中做，做中学，实践中教理论，理实一体"的职业教学理念。本书为加强直观性还制作了一些实操微课视频，其中人脸识别设备等为高清影像。

本书层次清晰、实践性强，是企业"能工巧匠"与在校教师共同的结晶。本书不仅适用于高职高专安防技术、计算机、通信及控制技术等相关专业的学生，还可供建筑智能化技术从业人员、安全防范工程从业人员等参考和培训使用。

图书在版编目（CIP）数据

用微课学安防系统维护与设备维修 / 罗明从，温怀疆，王培著 . —3 版 . —北京：电子工业出版社，2021.10

ISBN 978-7-121-42173-0

Ⅰ . ①用… Ⅱ . ①罗… ②温… ③王… Ⅲ . ①安全装置－电子设备－维修－高等学校－教材

Ⅳ . ① TU89

中国版本图书馆 CIP 数据核字（2021）第 202177 号

责任编辑：徐建军　　文字编辑：赵　娜
印　　刷：北京缤索印刷有限公司
装　　订：北京缤索印刷有限公司
出版发行：电子工业出版社
　　　　　北京市海淀区万寿路 173 信箱　邮编　100036
开　　本：787×1 092　1/16　印张：17.25　字数：441.6 千字
版　　次：2011 年 5 月第 1 版
　　　　　2021 年 10 月第 3 版
印　　次：2021 年 10 月第 1 次印刷
印　　数：1 200 册　　定价：79.00 元

凡所购买电子工业出版社图书有缺损问题，请向购买书店调换。若书店售缺，请与本社发行部联系，联系及邮购电话：（010）88254888，88258888。

质量投诉请发邮件至 zlts@phei.com.cn，盗版侵权举报请发邮件至 dbqq@phei.com.cn。

本书咨询联系方式：（010）88254570，xujj@phei.com.cn。

前言
Preface

本书第 2 版面市至今已有五年多，新形势下网络化教学和模块化实训情境及安防产品及技术的发展进步，对原有教学内容和形式都提出了新要求，鉴于第 2 版中关于网络技术和数字技术产品的介绍还不够重点和突出，同时结合使用本书的广大师生们反馈的意见，我们对原书进行全面修订和补充，全书仍然按第 2 版的格式进行编写，并对网络、数字化的产品及技术相关的内容添加了部分高清实训影像微课资料，加上原有的普清微课影像资料，使得本书的教学手段更符合新的时代要求。因此本书也更名为《用微课学安防系统维护与设备维修》。

第 3 版除高清数字网络摄像机和数字网络快球等内容外，还增补了海康网络报警主机、门禁控制器、人脸识别控制器、NVR 等，增加了系统软件操作界面相关内容的简单介绍，并修正了第 2 版中的部分错误。

本次主要由温怀疆负责修订第 1、2、3、5、6、10、11 章，罗明从负责修订第 7、8、9 章，王培负责修订第 4 章，全书由温怀疆负责统稿。在本书的编写过程中还得到了相关行业技术专家同人的支持和帮助，在此深表感谢。

为方便教师教学，本书配有配套教学资源，请有此需要的教师登录华信教育资源网（www.hxedu.com.cn）注册后免费进行下载。如有问题可在网站留言板留言或与电子工业出版社联系（E-mail：hxedu@phei.com.cn），也可与编者联系（E-mail：whj0531@126.com）。

由于著者水平有限，尽管在编写时竭尽全力，但书中难免会有纰漏之处，敬请各位专家与读者批评指正。

著 者
于杭州浙江传媒学院

目录
Contents

v

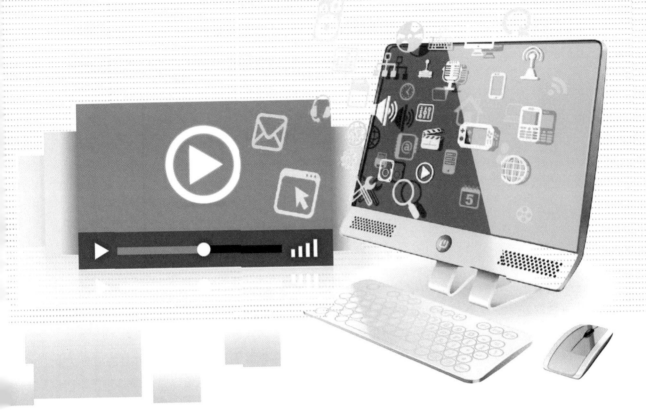

第1章 元器件的识别

概述

安防系统维护与设备维修技能，需要学生对设备和系统中常用的元器件有较深刻的了解和认识，通过本章的学习可以使学生对设备和系统中常用的元器件不再陌生，为后面维修 / 维护技能的进一步学习奠定基础。

学习目标

1. 能在实物电路板上认识和识别电阻器、电容器，能正确读识电阻器、电容器的标称值；

2. 能在实物电路板上根据外形和封装正确认识和识别二极管、三极管、集成电路，能识别二极管和三极管的引脚和极性，能识别集成电路的引脚。

1.1 电阻器、电容器和电感器的标注与识读

1.1.1 电阻器的认识

电阻器是电路元件中应用最广泛的一种，在电子设备中约占元件总数的 30% 以上，其质量的好坏对电路工作的稳定性有极大的影响。它的主要用途是稳定和调节电路中的电流和电压，还作为分流器、分压器和负载使用。电阻器在电子电路中常用字母"R"表示，常用的电阻器有固定式电阻器和电位器，按制作材料和工艺不同，固定式电阻器可分为：膜式电阻器（碳膜 RT、金属膜 RJ、合成膜 RH 和氧化膜 RY）、实心电阻器（有机实心 RS 和无机实心 RN）、金属线绕电阻器（RX）、特殊电阻器（MG 型光敏电阻、MF 型热敏电阻器、压敏电阻器、熔断电阻器）等多种。光敏电阻器在一些带红外照明的摄像机中广泛应用。热敏电阻器在硬盘录像机电源等设备中得到应用。熔断电阻器在电路中起着熔断器和电阻的双重作用，在安防电子设备的电源的输出电路和二次电源的输出电路中得到广泛应用，它们一般以低阻值（零点几欧姆至几十欧姆），小功率（1/8 ～ 2W）为多，其在电路负载发生短路故障出现过流时，温度在很短的时间内升高到 500℃ ～ 600℃，这时电阻层便受热剥落而熔断，起到熔断器的作用，达到提高整机安全性的目的。图 1-1 是膜式电阻器；图 1-2 是水泥封装线绕电阻器；图 1-3 是贴片电阻；图 1-4 是排阻；图 1-5 是大功率铝壳电阻器；图 1-6 是可变电阻器和电位器；图 1-7 是压敏电阻器；图 1-8 是热敏电阻器；图 1-9 是光敏电阻器，图 1-10 是熔断电阻器；图 1-11 是几种电阻器的电气符号。

（a）金属膜电阻器

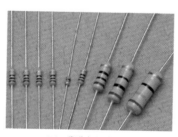
（b）碳膜电阻器

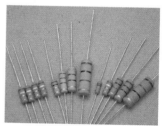
（c）金属氧化膜电阻器

图 1-1 膜式电阻器

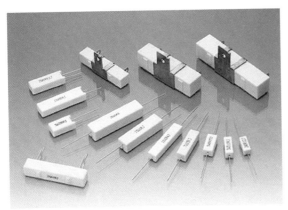

图 1-2　水泥封装线绕电阻器

图 1-3　贴片电阻器

图 1-4　排阻

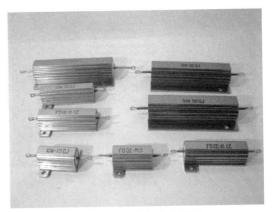

图 1-5　大功率铝壳电阻器

图 1-6　可变电阻器和电位器

图 1-7　压敏电阻器

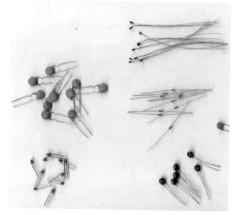

图 1-8　热敏电阻器

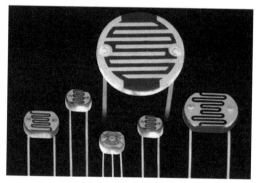

图 1-9　光敏电阻器

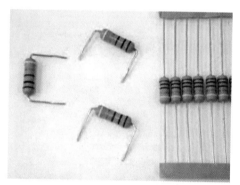

图 1-10　熔断电阻器

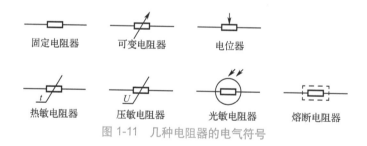

固定电阻器　　可变电阻器　　电位器

热敏电阻器　　压敏电阻器　　光敏电阻器　　熔断电阻器

图 1-11　几种电阻器的电气符号

1.1.2　电阻器标注的读识

电阻标注的读识

1. 电阻器的主要参数

电阻器的主要参数有标称阻值、额定功率、允许误差。

（1）电阻的基本单位是欧姆，用 "Ω" 表示，常用单位还有千欧（$k\Omega$）和兆欧（$M\Omega$），它表现为导体对电流的阻碍能力，电阻器上标有的电阻数是电阻器的标称阻值。

（2）电阻器的标称阻值和它的实际阻值会有偏差，这个偏差在允许范围内就是允许误差。

（3）电阻器的额定功率是在规定的工作温度范围内，电阻器长期可靠地工作能承受的最大功率，常用的有 1/16W、1/8W、1/6W、1/4W、1/2W、1W、2W、3W、5W、10W、20W 等。

2．电阻器的标注方式

电阻器的标注方式有直标法，如 2.7kΩ±5%；数标法，用 3 位数标识，左起两位给出电阻值的第 1、2 位数字，而第 3 位数字则表示阻值倍率，即阻值第 1、2 位有效数之后 0 的个数，单位是 Ω，如 102k（1kΩ±10%，J 表示误差 ±5%，K 表示误差 ±10%，M 表示误差 ±20%）；色环法，表 1-1 为色环颜色所代表的数字或意义。对于特别小的贴片电阻还有一些特殊的标注，如 03C 表示 10.5kΩ。EIA（电子工业协会）对电阻元件的规格进行了定义。其中电阻标称值按其误差范围定义了 7 个类别（10 倍程中允许的数值）：E3、E6、E12、E24、E48、E96、E192。其含义以 E12 为例子，E12 表示 10 倍程中按 12 平均率定义了 12 个电阻，其他的可以此类推。在设计、维修电路时，电阻的数值不能够任意取值，以免购买不到。因此，要了解 EIA 标准规定的电阻阻值，一般而言，E12 系列、E24 系列和 E96 系列的电阻容易购买。

以 E24 系列为例，其标称数值有 1.0、1.1、1.2、1.3、1.5、1.6、1.8、2.0、2.2、2.4、2.7、3.0、3.3、3.6、3.9、4.3、4.7、5.1、5.6、6.2、6.5、6.8、7.5、8.2、9.1。其值由 $(\sqrt[24]{10})^n$ 确定，如 $1.2=(\sqrt[24]{10})^2$，$9.1=(\sqrt[24]{10})^{23}$。这样对于 E24 系列其标称误差为 5%，它们之间的数值几乎是重合的，如 4.3 正偏 5% 为 4.515，而 4.7 负偏 5% 为 4.465，这样一来生产时就可以实现几乎没有数值上的废品。

表 1-1　色环颜色所代表的数字或意义

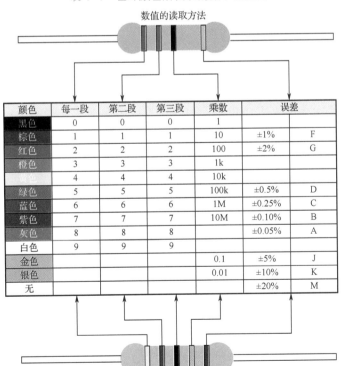

数值的读取方法

颜色	每一段	第二段	第三段	乘数	误差	
黑色	0	0	0	1		
棕色	1	1	1	10	±1%	F
红色	2	2	2	100	±2%	G
橙色	3	3	3	1k		
黄色	4	4	4	10k		
绿色	5	5	5	100k	±0.5%	D
蓝色	6	6	6	1M	±0.25%	C
紫色	7	7	7	10M	±0.10%	B
灰色	8	8	8		±0.05%	A
白色	9	9	9			
金色				0.1	±5%	J
银色				0.01	±10%	K
无					±20%	M

示例：图 1-12 的电阻值为 $27×10^3$=27000Ω±5%。对于精密电阻器的色环标志用五个色环表示。第一个至第三个色环表示电阻的有效数字，第四个色环表示倍乘数，第五个色环表示容许偏差，图 1-13 的电阻值为 $175×10^{-1}$=17.5Ω±1%。

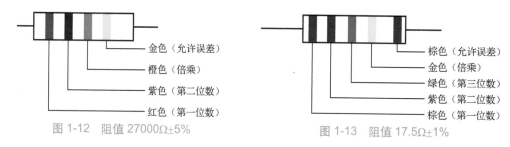

图 1-12　阻值 27000Ω±5%　　　　　图 1-13　阻值 17.5Ω±1%

在电路图中电阻器和电位器的单位标注规则：阻值在兆欧以上，标注单位 M。如 1 兆欧，标注 1M；2.7 兆欧，标注 2.7M。阻值在 1～100 千欧，标注单位 k。如 5.1 千欧，标注 5.1k；68 千欧，标注 68k；阻值在 100 千欧～1 兆欧，可以标注单位 k，也可以标注单位 M。如 360 千欧，可以标注 360k，也可以标注 0.36M；阻值在 1 千欧以下的，可以标注单位 Ω，也可以不标注。如 5.1 欧，可以标注 5.1Ω 或 5.1；680 欧，可以标注 680Ω 或 680。

3. 固定电阻器的检测

将两表笔（不分正负）分别与电阻的两端引脚相接即可测出实际的电阻值。为提高测量精度，应根据被测电阻标称值的大小来选择量程。对于指针式万用表，每次更换量程测量时还要进行调零校准（即两表笔对接并调节校准旋钮使表针指在零刻度），此外由于欧姆挡刻度的非线性关系，表盘的中间一段分度较为精细，因此应使指针指示值尽可能落到刻度的中段位置，即全刻度起始的 1/3～2/3 满量程范围内，以使测量更准确。对于数字万用表直接选用相应的挡位测量、读数即可。根据电阻误差等级不同，读数与标称阻值之间分别允许有 ±0.5%±1%、±2%、±5%、±10% 或 ±20% 等误差，如不相符，超出误差范围，则说明该电阻值变了。

注意：测试几十千欧以上阻值的电阻器时，手不要触及表笔和电阻器的导电部分；在电路中被检测的电阻器应从电路中焊下来，至少要焊开一个头，以免电路中的其他元件对测试产生影响，造成测量误差；色环电阻器的阻值虽然能以色环标志来确定，但在使用时最好还是用万用表测试一下其实际阻值。

4. 电阻器的选用常识

根据电子设备的技术指标和电路的具体要求选用电阻的型号和误差等级；额定功率应大于实际消耗功率的 1.5～2 倍；电阻器装接前要测量核对，对于要求较高的电阻器，还要进行人工老化处理，提高其稳定性；此外还要根据电路工作频率选择不同类型的电阻器。

5. 电位器的检测

电位器其实质就是可变电阻，按材料分线绕、碳膜、实心式电位器；按输出与输入电压比与旋转角度的关系分直线式电位器（B 型，线性关系）、函数电位器（A 型，对数曲线关系；C 型，指数曲线关系）。主要参数为阻值、容差、额定功率。

检查电位器时，首先要转动旋柄，看看旋柄转动是否平滑，带开关的还要看开关是否灵活，开关通、断时"喀哒"声是否清脆，并听一听电位器内部接触点和电阻体摩擦的声音，如有"沙沙"声，说明质量不好。用万用表测试时，先根据被测电位器阻值的大小，选择好指针式万用表的合适电阻挡位（因为指针式显示比较直观），然后可按下述方法进行检测。

用万用表的欧姆挡测电位器的"头""尾"两端，其读数应为电位器的标称阻值，如万用表的指针不动或阻值相差很多，则表明该电位器已损坏。

检测电位器的活动臂与电阻片的接触是否良好。用指针式万用表的欧姆挡测"头"与"中心端"（或"中心端"与"尾"）两端，将电位器的转轴按逆时针方向旋至接近头的位置，这时电阻值越小越好。再顺时针慢慢旋转轴柄，电阻值应逐渐增大，表头中的指针应平稳移动。当轴柄旋至极端位置"尾"时，阻值应接近电位器的标称值。如万用表的指针在电位器的轴柄转动过程中有跳动现象，说明活动触点有接触不良的故障。

1.1.3 电容器的认识

电容器是一种储能元件，在电路中用于调谐、滤波、耦合、旁路、能量转换和延时。电容器通常叫作电容。按其结构可分为固定电容器、半可变电容器、可变电容器三种；在电路中常用字母"C"表示，按其介质材料可分为电解电容器、云母电容器、瓷介电容器、玻璃釉电容器等。图1-14是电解电容器；图1-15是聚酯电容器；图1-16是涤纶电容器；图1-17是瓷介电容器；图1-18是表面安装电容器；图1-19是表面安装钽电解电容器，图1-20是色环电容器，图1-21是几种电容器的电气符号。

图1-14 电解电容器

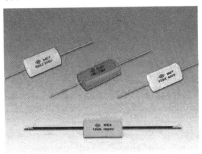

图1-15 聚酯电容器

图1-16 涤纶电容器

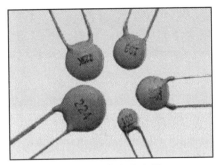

图1-17 瓷介电容器

图 1-18　表面安装电容器

图 1-19　表面安装钽电解电容器

图 1-20　色环电容器

无极性固定电容　　　电解电阻

可变电容　　　微调电容

图 1-21　几种电容的电气符号

1.1.4　电容器标注的读识

电容器标注的读识

1．电容器主要参数

电容器的主要参数有标称容量、允许误差和额定直流工作电压等。

（1）电容量是电容器储存电荷的能力，其基本单位为法，用字母"F"表示，常用单位还有微法（μF）、皮法（pF），电容器上标定的电容量就是电容器的标称容量。

（2）电容的标称容量和它的实际容量会有偏差，这个偏差在允许的范围内就是允许误差。

（3）在规定的工作温度范围内，电容器长期可靠地工作，它能承受的最大直流电压，就是电容器的耐压，也叫作电容器的额定直流工作电压。

2．电容器的标注方式

电容器的标注方式有直标法，如 2700pF±5%；数标法，如 102k（$10×10^2$pF±10%）；色环法，色环法标注的一些电容器，外形与色环电阻器非常相似，维修时要注意区分。在交流电路中，要注意所加的交流电压最大值不能超过电容器的直流工作电压值。常用的电容器工作电压有 6.3V、10V、16V、25V、50V、63V、100V、250V、400V、500V、630V 和 1000V。

在实际工作中常习惯将电容器分为固定电容器和可变电容器，常用固定电容器允许误差的等级见表 1-2。常用固定电容器的标称容量系列见表 1-3。一般固定电容器上都直接写出其容量，也有用数字来标志容量的，通常在容量小于 10000pF 时，用 pF 作单位，大于 10000pF 时，用 μF 作单位。为简便起见，大于 100pF 而小于 1μF 的电容器常常不标注单位：没有小数点的，单位是 pF；有小数点的，单位是 μF。如有的电容器上标有 "334"（33×10^{4}pF）这样的三位有效数字，左起两位给出电容量的第一、二位数字，而第三位数字则表示在后加 0 的个数，单位是 pF。

表 1-2　常用固定电容器允许误差的等级

允许误差	±2%	±5%	±10%	±20%	(+20%～30%)	(+50%～20%)	(+100%～10%)
级别	02	i	ii	iii	iv	v	vi

表 1-3　常用固定电容器的标称容量系列

电容器类别	允许误差	容量范围	标称容量系列
纸介电容器、金属化纸介电容器、纸膜复合介质电容器、低频（有极性）有机薄膜介质电容器	±5% ±10% ±20%	100pF～1mF	1.0，1.5，2.2，3.3，4.7，6.8
		1mF～100μF	1，2，4，6，8，10，15，20，30，50，60，80，100
高频（无极性）有机薄膜介质电容器、瓷介电容器、玻璃釉电容器、云母电容器	±5% E24 系列		1.0，1.1，1.2，1.3，1.5，1.6，1.8，2.0，2.2，2.4，2.7，3.0，3.3，3.6，3.9，4.3，4.7，5.1，5.6，6.2，6.8，7.5，8.2，9.1
	±10% E12 系列		1.0，1.2，1.5，1.8，2.2，2.7，3.3，3.9，4.7，5.6，6.8，8.2
	±20% E6 系列		1.0，1.5，2.2，3.3，4.7，6.8
铝、钽、铌、钛电解电容器	±10% ±20% +50% -20% +100% -20%		1.0，1.5，2.2，3.3，4.7，6.8（容量单位 μF）

1.1.5　电容器检测的一般方法

1. 固定电容器的检测

（1）检测 10pF 以下的小电容，因 10pF 以下的固定电容器容量太小，用指针式万用表进行测量，只能定性地检查其是否有漏电、内部短路或击穿现象。测量时，可选用万用表 R×10k 挡，用两表笔分别任意接电容器的两个引脚，阻值应为无穷大。若测出阻值（指针向右摆动）为零，则说明电容器漏电损坏或内部击穿。

（2）检测 10pF～0.01μF 固定电容器是否有充电现象，进而判断其好坏。万用表选用 R×1k 挡。两只三极管的 β 值均为 100 以上，且穿透电流要小。可选用 9014 等型号硅三极管组成复合管。万用表的红和黑表笔分别与复合管的发射极 e 和集电极 c 相接。由于复合三极管的放大作用，把被测电容器的充放电过程放大，使万用表指针摆幅度加大，

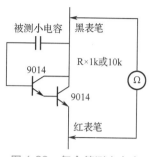

被测小电容　黑表笔

R×1k或10k

9014

9014

红表笔

图 1-22　复合管测小电容

从而便于观察，如图 1-22 所示。应注意的是：在测试操作时，特别是在测较小容量的电容器时，要反复调换被测电容器两引脚的接触点，才能明显地看到万用表指针的摆动。

（3）对于 0.01μF 以上的固定电容，可用万用表的 R×1k 或 R×10k 挡直接测试电容器有无充电过程及有无内部短路或漏电，并可根据指针向右摆动的幅度大小估计出电容器的容量。

2. 电解电容器的检测

（1）因为电解电容的容量较一般固定电容大得多，所以测量时，应针对不同容量选用合适的量程。根据经验，一般情况下，1 ～ 47μF 的电容，可用 R×1k 挡测量，大于 47μF 的电容可用 R×100 挡测量。

（2）将指针式万用表红表笔接负极，黑表笔接正极，在刚接触的瞬间，万用表指针即向右偏转较大偏度（对于同一电阻挡，容量越大，摆幅越大），接着逐渐向左回转，直到停在某一位置。此时的阻值便是电解电容器的正向漏电阻，此值略大于反向漏电阻。实际使用经验表明，电解电容器的漏电阻一般应在几百 kΩ 以上，否则，将不能正常工作。在测试中，若正向、反向均无充电的现象，即表针不动，则说明电容容量消失或内部断路；如果所测阻值很小或为零，说明电容器漏电大或已击穿损坏，不能再使用。

（3）对于正、负极标志不明的电解电容器，可利用上述测量漏电阻的方法加以判别，即先任意测一下漏电阻，记住其大小，然后交换表笔再测出一个阻值。两次测量中阻值大的那一次便是正向接法，即黑表笔接的是正极，红表笔接的是负极。

（4）使用指针式万用表电阻挡，采用给电解电容器进行正、反向充电的方法，根据指针向右摆动幅度的大小，可估测电解电容容量的大小。

1.1.6　电感器、变压器的认识

电感器通常叫作电感，其中自感线圈就是通常说的电感器，互感线圈就是通常说的变压器，它们都是用漆包线、纱包线或塑皮线等在绝缘骨架或磁芯、铁芯上绕制成的一组串联的同轴线匝组成的电磁感应元件，电感器也是电子电路中常用的元器件之一，在电路中用于调谐、滤波、耦合、能量转换、交流信号的隔离等。电感器在电路中用字母 "L" 表示。按其结构可分为固定电感器、可调电感器。变压器是利用其一次（初级）、二次（次级）绕组之间圈数（匝数）比的不同来改变电压比或电流比，实现电能或信号的传输与分配的。其主要作用有降低或提升交流电压、信号耦合、变换阻抗、隔离等，变压器在电路中用字母 "T" 表示。图 1-23 是部分电感器和变压器实物和符号。

当线圈中有电流通过时，线圈的周围就会产生磁场。当线圈中电流发生变化时，其周围的磁场也产生相应的变化，此变化的磁场可使线圈自身产生感应电动势（电动势用来表示有源元件理想电源的端电压），这就是自感。两个电感线圈相互靠近时，一个电感线圈的磁场变化将影响另一个电感线圈，这种影响就是互感。互感的大小取决于电感线圈的自感与两个电感线圈耦合的程度。

图形符号	名称与说明
	电感器、线圈、绕组或扼流圈 注：符号中半圆数不得少于3个
	带磁芯、铁芯的电感器
	带磁芯、铁芯连续的可调电感器
	双绕组变压器 注：可增加绕组数目
	绕组间有屏蔽层的双绕组变压器 注：可增加绕组数目
	在一个绕组上有抽头的变压器 注：可增加绕组数目

（a）实物 　　　　　　　　　　　　（b）符号

图 1-23　电感器和变压器实物和符号

电感器和变压器一般由骨架、绕组、屏蔽罩、封装材料、磁芯或铁芯等组成。一些体积较大的固定式电感器或可调式电感器(如振荡线圈、阻流圈等)，大多数是将漆包线(或纱包线)环绕在骨架上，再将磁芯或铜芯、铁芯等装入骨架的内腔，以提高或降低其电感量；绕组是指具有规定功能的一组线圈，是电感器的基本组成部分；磁芯和磁棒材料有镍锌铁氧体（NX 系列）、锰锌铁氧体（MX 系列）等，它有"工"字形、柱形、帽形、"E"形、罐形等多种形状，如图 1-24 所示；铁芯材料主要有硅钢片、坡莫合金等，其外形多为"E"形；为避免有些电感器在工作时产生的磁场影响其他电路及元器件正常工作，可为其增加金属屏蔽罩（如半导体收音机的振荡线圈等），但采用屏蔽罩的电感器，会增加线圈的损耗，使 Q 值降低；有些电感器（如色码电感器、色环电感器等）绕制好后，用封装材料将线圈和磁芯等密封起来，封装材料可采用塑料或环氧树脂等。下面介绍一些常用电感器和变压器。

（1）固定电感器：是将铜线绕在磁芯上，然后再用环氧树脂或塑料封装起来。这种电感线圈的特点是体积小、质量小、结构牢固、使用方便，在电子电路中得到广泛的应用，如图 1-25 所示。

图 1-24 各类磁芯

图 1-25 固定电感器

（2）振荡线圈：在无线接收设备中与可变电容器等组成本机振荡电路，用来产生一个高出输入调谐电路接收信号的一定频率的本振信号。其外部为金属屏蔽罩，内部由尼龙衬架、工字形磁芯、磁帽及引脚座等构成，在磁芯上绕有线圈。磁帽装在尼龙内，可以上下转动，可改变线圈的电感量。收音机中的中频变压器、电视机中频陷波线圈的内部结构与振荡线圈相似，区别只是磁帽可调磁芯，如图 1-26 所示。

（3）扼流电感器：是指在电路中用于阻碍交流电流通路的电感线圈，它分为高频扼流线圈和低频扼流线圈。高频扼流线圈多用采空心或铁氧体高频磁芯，骨架用陶瓷材料或塑料制成，线圈采用蜂房式分段绕制或多层平绕分段绕制，在开关电源输出部分有广泛应用。低频扼流圈一般采用"E"形硅钢片铁芯（俗称矽钢片铁芯）、坡莫合金铁芯或铁淦氧磁芯。为防止大电流引起磁饱和，在铁芯中留有适当空隙，外形与电源变压器有些相似。

图 1-26　振荡线圈和中频变压器的构造与外形

　　（4）电源变压器：其主要作用是提升或降低交流电压，升压变压器的一次（初级）绕组较二次（次级）绕组的圈数（匝数）少，而降压变压器的一次绕组较二次绕组的圈数多。稳压电源和各种家电产品中使用的变压器均属于降压电源变压器。电源变压器有"E"形电源变压器、"C"形电源变压器、环形和"R"形电源变压器之分。"E"形电源变压器的铁芯是用硅钢片交叠而成的。其缺点是磁路中的气隙较大，效率较低，工作时电噪声较大。优点是成本低廉。"C"形电源变压器的铁芯由两块形状相同的"C"形铁芯（由冷轧硅钢带制成）对接而成，与"E"形电源变压器相比，其磁路中气隙较小，性能有所提高。环形电源变压器的铁芯是由冷轧硅钢带卷绕而成的，磁路中无气隙，漏磁极小，工作时电噪声较小。"R"形电源变压器是环形的升级型，其工作指标更好。图 1-27是几种电源变压器的外形。

　　（5）低频变压器：用来传输低频信号电压和信号功率，还可实现电路之间的阻抗匹配，对直流电具有隔离作用。它分为级间耦合变压器、输入变压器和输出变压器，外形均于电源变压器相似。

　　（6）高频变压器：用来传输高频信号电压和信号功率，还可实现电路之间的阻抗匹配，对直流电具有隔离作用。常用的天线阻抗变换器和天线线圈等，线圈一般用多股或单股纱包线绕制。其外形各异，有些外形与中频变压器和振荡线圈相似。

　　（7）脉冲变压器：用于各种脉冲电路中，其工作电压、电流等均为非正弦脉冲波。常用的脉冲变压器有电子围栏高压脉冲变压器、监视器和显示器上的开关变压器等。

　　监视器和显示器开关稳压电源电路中使用的开关变压器其主要作用是向负载电路提供能量（即为整机各电路提供工作电压），实现输入、输出电路之间的隔离。开关变压器采用"EI"形或"EE"形、"CC"形等高磁导率磁芯，其一次（初级）绕组为储能绕组，用来为开关管集电极供电。图 1-28是开关变压器的外形及电路图形符号。

（a）"E"形电源变压器

（b）"C"形电源变压器

（c）环形电源变压器

（d）"R"形电源变压器

图 1-27　几种电源变压器

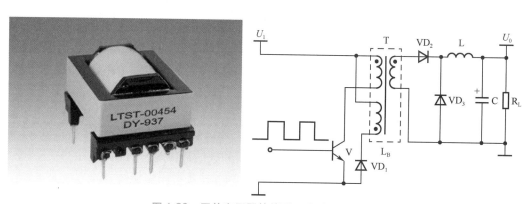

图 1-28　开关变压器的外形及电路图形符号

（8）自耦变压器：是一种绕组中有抽头的一组线圈，其输入端和输出端之间有电的直接联系，不能隔离为两个独立部分。当输入端同时有直流电和交流电通过时，输出端无法将直流成分滤除而单独输出交流电（即不具备隔直流作用）。自耦变压器在工程中应用最广泛的是电源自耦调压器，图 1-29 是电源自耦调压器及其两种连接线路。

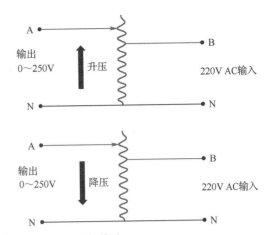

A ●
输出
0～250V　升压
N ●

● B
220V AC输入
● N

A ●
输出
0～250V　降压
N ●

● B
220V AC输入
● N

图 1-29　电源自耦调压器及其两种连接线路

（9）隔离变压器：其主要作用是隔离电源、切断干扰源的耦合通路和传输通道，其一次、二次绕组的匝数比（即变压比）等于 1。它分为电源隔离变压器和干扰隔离变压器。电源隔离变压器在开关电源电路维修中有时会使用到。

1.1.7　电感器、变压器的识读与测量

电感器、变压器的识读与测量

1．电感器的主要参数

电感器的主要参数有电感量、允许偏差、品质因数、分布电容及额定电流等。电感量也称自感系数，是表示电感器产生自感应能力的一个物理量。

（1）电感量的基本单位是亨利，用字母"H"表示。常用的单位还有毫亨（mH）和微亨（µH）。电感器电感量的大小主要取决于线圈的匝数、绕制方式、有无磁芯及磁芯的材料等。通常，线圈匝数越多、绕制的线圈越密集，电感量就越大。通常有磁芯的线圈比无磁芯的线圈电感量大；磁芯磁导率越大的线圈，电感量也越大。

（2）允许偏差是指电感器上标称的电感量与实际电感量的允许误差值，一般用于振荡或滤波等电路中的电感器要求精度较高，允许偏差为 ±0.2% ～ ±0.5%；而用于耦合、高频阻流等线圈的精度要求不高，允许偏差为 ±10% ～ 15%。

（3）额定电流是指电感器正常工作时允许通过的最大电流值。若工作电流超过额定电流，电感器就会因发热而使性能参数发生改变，甚至还会因过流而烧毁。

（4）品质因数也称 Q 值，是衡量电感器质量的主要参数。它是指电感器在某一频率的交流电压下工作时，所呈现的感抗与其等效损耗电阻之比。电感器的 Q 值越高，其损耗越小，效率越高。电感器品质因数的高低与线圈导线的直流电阻、线圈骨架的介质损耗及铁芯、屏蔽罩等引起的损耗等有关。

2．电感器的标注

电感器的标注方法主要有直标法（如 $100µH±10\%$）、数标法 [如 $471k(47×10^{1}µH±10\%)$] 及色环法（主要用于形似固定电阻的小型固定电感）。

3．变压器的主要参数

变压器的主要参数有电压比、额定功率、频率特性和效率等。

（1）电压比（n）是一次、二次绕组的匝数和电压之间的关系：$n=V_1/V_2=N_1/N_2$，升压变压器的电压比 n 小于1，降压变压器的电压比 n 大于1，隔离变压器的电压比等于1。

（2）额定功率一般用于电源变压器。它是指电源变压器在规定的工作频率和电压下，能长期工作而不超过限定温度时的输出功率。变压器的额定功率与铁芯截面积、漆包线直径等有关。变压器的铁芯截面积大、漆包线直径粗，其输出功率也大。

（3）频率特性是指变压器有一定工作频率范围，不同工作频率范围的变压器，一般不能互换使用。因为变压器在其频率范围以外工作时，会出现工作时温度升高或不能正常工作等现象。

（4）效率是指在额定负载时，变压器输出功率与输入功率的比值。该值与变压器的输出功率成正比，即变压器的输出功率越大，效率也越高；变压器的输出功率越小，效率也越低。小功率变压器的效率一般在60%～90%。

4．变压器的标注

除电源变压器外，其他变压器大部分没有要求做明确的标注，电源变压器一般直接标明输入、输出引脚及电压。

1.1.8　继电器的认识与测量

1．继电器的认识

继电器是一种电子控制器件，具有控制系统（又称输入回路）和被控制系统（又称输出回路），通常应用于自动控制电路中，实际上是用较小的电流去控制较大电流的一种"自动开关"，在电路中起着自动调节、安全保护、转换电路等作用。继电器可分为热敏继电器、电磁继电器、半导体固态继电器等，其中电磁继电器在安防设备和系统中广泛使用，下面重点介绍电磁继电器的结构和原理。

电磁继电器一般由铁芯、线圈、衔铁、触点簧片等组成，其结构和实物如图1-30所示。只要在线圈两端加上一定的电压，线圈就会因流过的电流产生电磁效应，衔铁就会在电磁力吸引的作用下克服复原弹簧的拉力吸向铁芯，从而带动衔铁的动触点与静触点（常开触点）吸合。当线圈断电后，电磁的吸力也随之消失，衔铁就会因弹簧的反作用力返回原来的位置，使动触点与原来的静触点（常闭触点）释放，从而达到了在电路中导通或切断的目的。对于继电器的"常开、常闭"触点，可以这样来区分：继电器线圈未通电时处于断开状态的静触点，称为"常开触点"——NO；处于接通状态的静触点称为"常闭触点"——NC。

2．电磁继电器的主要参数

电磁继电器的主要参数有额定工作电压或电流、直流电阻、触点负荷等。

（1）额定工作电压或电流是指继电器工作时线圈需要的电压或电流。一种型号的继电器的构造大体是相同的。为了适应不同电压的电路应用，继电器通常有多种额定工作电压或电流，并用规格型号加以区别。

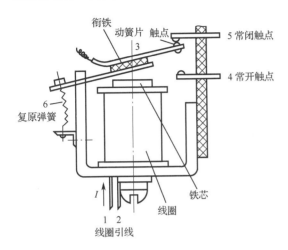

（a）电磁继电器的结构　　　　　　（b）电磁继电器实物

图 1-30　电磁继电器的结构和实物

（2）直流电阻是指线圈的直流电阻。有些产品说明书中给出额定工作电压和直流电阻，这时可根据欧姆定律求出额定工作电流，若已知额定工作电流和直流电阻，也可求出额定工作电压。

（3）触点负荷是指继电器触点允许的电压或电流。它决定了继电器能控制电压和电流的大小。应用时不能用触点负荷小的继电器去控制大电流或高电压。

（4）吸合电流是指继电器能够产生吸合动作的最小电流。在实际使用中，要使继电器可靠吸合，给定电压可以等于或略高于额定工作电压。一般不要大于额定工作电压的 1.5 倍，否则会烧毁线圈。

（5）释放电流是指继电器产生释放动作的最大电流。如果减小处于吸合状态的继电器的电流，当电流减小到一定程度时，继电器恢复到未通电时的状态，这个过程称为继电器的释放动作，释放电流比吸合电流小得多。

1.2　常见晶体管、集成电路的封装认识

1.2.1　常见二极管的参数、分类与封装

1. 二极管的基本参数

二极管的基本参数主要有最大平均整流电流、最高反向工作电压、反向电流和最高工作频率等。

（1）最大平均整流电流 $I_{\text{F (AV)}}$：是指二极管长期工作时，允许通过的最大正向平均电流。它与 PN 结的面积、材料及散热条件有关。实际应用时，工作电流应小于 $I_{\text{F (AV)}}$，否则，可能导致结温过高而烧毁 PN 结。

（2）最高反向工作电压 V_{RM}：是指二极管反向运用时，所允许加的最大反向电压。实际应用时，当反向电压增加到击穿电压 V_{BR} 时，二极管可能被击穿损坏，因而，V_{RM} 通常取为（$1/2 \sim 2/3$）V_{BR}。

（3）反向电流 I_{R}：是指二极管未被反向击穿时的反向电流。理论上 $I_{\text{R}} = I_{\text{R (sat)}}$，但考虑表面漏电等因素，实际上 I_{R} 稍大一些。I_{R} 越小，表明二极管的单向导电性能越好。另外，I_{R} 与温度密切相关，使用时应注意。

（4）最高工作频率 f_{M}：是指二极管正常工作时，允许通过交流信号的最高频率。实际应用时，不要超过此值，否则二极管的单向导电性将显著退化。f_{M} 的大小主要由二极管的电容效应来决定。

2. 二极管的分类

1）按结构分类

二极管主要是依靠 PN 结而工作的，与 PN 结不可分割的点接触型和肖特基型二极管，也被列入一般二极管的范围。因此根据 PN 结构面的特点，二极管分类如下。

（1）点接触型二极管：是在锗或硅材料的单晶片上压触一根金属针后，再通过电流法而形成的。因此，其 PN 结的静电容量小，适用于高频电路。但是，与面结型相比较，点接触型二极管正向特性和反向特性都差，因此，不能使用于大电流和整流。因为构造简单，所以价格便宜。广泛应用于小信号的检波、整流、调制、混频和限幅等场合。

（2）合金型二极管：在 N 型锗或硅的单晶片上，通过合金铟、铝等金属的方法制作 PN 结而形成的。正向电压降小，适于大电流整流，因其 PN 结的静电容量大，所以不适于高频检波和高频整流。

（3）扩散型二极管：在高温的 P 型杂质气体中，加热 N 型锗或硅的单晶片，使单晶片表面的一部分变成 P 型，以此法形成的二极管因 PN 结正向电压降小，适用于大电流整流。

（4）平面型二极管：在半导体单晶片（主要的是 N 型硅单晶片）上，扩散 P 型杂质，利用硅片表面氧化膜的屏蔽作用，在 N 型硅单晶片上仅选择性地扩散一部分而形成的 PN 结，由于半导体表面被制作得平整，故而得名，由于 PN 结的表面被氧化膜覆盖，有稳定性好和寿命长的特点，主要用作小电流开关管。

2）根据用途分类

（1）检波二极管：就原理而言，从输入信号中取出调制信号是检波。以整流电流的大小（100mA）作为界线通常把输出电流小于 100mA 的叫检波。锗材料点接触型，工作频率可达 400MHz，正向压降小，结电容小，检波效率高，频率特性好。类似点接触型那样检波用的二极管，除用于检波外，还能够用于限幅、削波、调制、混频、开关等电路。

（2）整流二极管：就原理而言，从交流输入中得到直流输出是整流。以整流电流的大小作为界线，通常把输出电流大于 100mA 的叫整流。整流二极管通常是面结型的，工作频率通常小于 1kHz，最高反向电压为 25 ~ 3000V，分 A ~ X 共 22 挡。

（3）限幅二极管：大多数二极管都能作为限幅使用。也有像保护仪表用的高频齐纳管那样的专用限幅二极管。为了使这些二极管具有特别强的限制尖锐振幅的作用，通常使用硅材料制造的二极管。

（4）开关二极管：有在小电流下（10mA 程度）使用的逻辑运算和在数百毫安下使用的磁芯激励用开关二极管。小电流的开关二极管通常有点接触型和键型等二极管，也有在高温下还可能工作的硅扩散型、台面型和平面型二极管。开关二极管的特点是开关速度快。肖特基型二极管的开关时间特短，因而是理想的开关二极管。

（5）变容二极管：用于自动频率控制（AFC）和调谐用的小功率二极管被称为变容二极管。它通过施加反向电压，使其 PN 结的静电容量发生变化。因此，常用于自动频率控制、扫描振荡、调频和调谐等场合。通常，采用硅的扩散型二极管，也可采用合金扩散型、外延结合型、双重扩散型等特殊制作的二极管，因为这些二极管对电压而言，其静电容量的变化率特别大。结电容随反向电压 VR 变化，可取代可变电容，用作调谐回路、振荡电路、锁相环路，常用于电视机高频头的频道转换和调谐电路，多以硅材料制作。

（6）稳压二极管：是反向击穿特性曲线急骤变化的二极管，是作为控制电压和标准电压使用而制作的。二极管工作时的端电压（又称齐纳电压）为 3 ~ 150V，可划分成许多等级。在功率方面，也有从 200mW 至 100W 以上的产品。稳压二极管工作在反向击穿状态，硅材料制作，动态电阻 R_Z 很小。

（7）阻尼二极管：具有较高的反向工作电压和峰值电流，正向压降小，高频高压整流二极管，用在 CRT 监视器行扫描电路作阻尼和升压整流用。

（8）瞬变电压抑制二极管：用于对电路进行快速过压保护，分双极型和单极型两种，按峰值功率（500 ~ 5000W）和电压（8.2 ~ 5000V）分类，在高速球和云台总线输入电路中有广泛应用，主要用于保护 RS-485 总线接收电路不被感应雷电等脉冲高电压击毁，其短时吸收电流较大。

（9）发光二极管：用磷化镓、磷砷化镓材料制成，体积小，正向驱动发光。其工作电压低，工作电流小，发光均匀，寿命长，可发红、绿、蓝、黄单色光，用新型材料做的可以发白光，现已用于照明领域。其中的红外发光二极管在安防系统的主动红外探测器、主动红外探照灯等设备中广泛应用

3．二极管的封装

常见的二极管中有玻璃封装、塑料封装和金属封装。大功率二极管多采用金属封装，并且有个螺帽以便固定在散热器上。图 1-31 是发光二极管，图 1-32 是整流二极管，图 1-33 是开关二极管、稳压二极管，图 1-34 是大电流整流二极管，图 1-35 是快速恢复整流二极管，图 1-36 是贴片安装二极管，图 1-37 是整流桥堆，图 1-38 是几种常见二极管的电气符号。

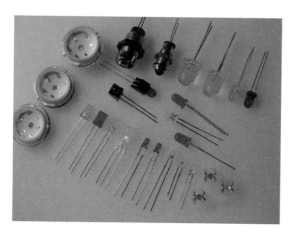

图 1-31　发光二极管

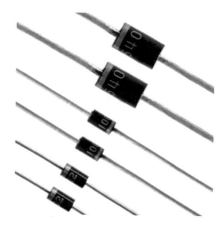

图 1-32　整流二极管

图 1-33　开关二极管、稳压二极管

图 1-34　大电流整流二极管

图 1-35　快速恢复整流二极管

图 1-36　贴片安装二极管

图 1-37　整流桥堆

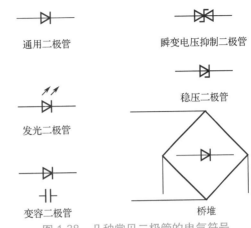

图 1-38　几种常见二极管的电气符号

1.2.2　常见三极管的封装与识别

1. 三极管的主要参数

三极管主要参数有集电极－基极反向饱和电流、集电极－发射极反向电流、发射极－基极反向电流、直流电流放大系数 β 等。

（1）集电极－基极反向饱和电流 I_{cbo}：当发射极开路（I_e=0）时，基极和集电极之间加上规定的反向电压 V_{cb} 时的集电极反向电流。它只与温度有关，在一定温度下是个常数，所以称为集电极－基极的反向饱和电流。

（2）集电极－发射极反向电流 I_{ceo}（穿透电流）：当基极开路（I_b=0）时，集电极和发射极之间加上规定的反向电压 V_{ce} 时的集电极电流。其值越小，性能越稳定，锗管的 I_{ceo} 比硅管大。

（3）发射极－基极反向电流 I_{ebo}：集电极开路时，在发射极与基极之间加上规定的反向电压时发射极的电流它实际上是发射结的反向饱和电流。

（4）直流电流放大系数 β（或 hEF）：这是指共发射极接法，没有交流信号输入时，集电极输出的直流电流与基极输入的直流电流的比值，即 $\beta=I_c/I_b$

（5）截止频率 f_β、f_α：当 β 下降到低频时 0.707 倍的频率，就是共发射极的截止频率 f_β；当 α 下降到低频时的 0.707 倍的频率，就是共基极的截止频率 f_α，f_α 是表明三极管频率特性的重要参数，它们之间的关系为：$f_\beta \approx （1-\alpha）f_\alpha$

（6）特征频率 f_T：因为频率 f 上升时，β 就下降，当 β 下降到 1 时，对应的 f 就是 f_T，f_T 是全面反映三极管的高频放大性能的重要参数。

（7）集电极最大允许电流 I_{CM}：当集电极电流 I_c 增加到某一数值，引起 β 值下降到额定值的 2/3 或 1/2，这时的 I_c 值称为 I_{CM}，所以当 I_c 超过 I_{CM} 时，虽然不致使三极管损坏，但 β 值显著下降，影响放大质量。

（8）集电极－基极击穿电压 BV_{CBO}：当发射极开路时，集电结的反向击穿电压称为 BV_{CBO}。

021

（9）发射极-基极反向击穿电压 BV_{EBO}：当集电极开路时，发射结的反向击穿电压称为 BV_{EBO}。

（10）集电极-发射极击穿电压 BV_{CEO}：当基极开路时，加在集电极和发射极之间的最大允许电压，使用时如果 $V_{CE}>BV_{CEO}$，三极管就会被击穿。

（11）集电极最大允许耗散功率 P_{CM}：集电极流过 I_c，温度要升高，三极管因受热而引起参数的变化不超过允许值时的最大集电极耗散功率称为 P_{CM}。三极管实际的耗散功率等于集电极直流电压和电流的乘积，即 $P_C=U_{CE}\times I_c$，使用时应使 $P_C<P_{CM}$。P_{CM} 与散热条件有关，增加散热片可提高 P_{CM}。

2. 三极管的分类

三极管的种类很多，分类方法也有多种。下面按用途、频率、功率、材料等进行分类。

（1）按材料和极性分有硅材料的 NPN 与 PNP 三极管和锗材料的 NPN 与 PNP 三极管。

（2）按用途分有高、中频放大管、低频放大管、低噪声放大管、光电管、开关管、高反压管、达林顿管、带阻尼三极管等。

（3）按功率分有小功率三极管、中功率三极管、大功率三极管。

（4）按工作频率分有低频三极管、高频三极管和超高频三极管。

（5）按制作工艺分有平面型三极管、合金型三极管、扩散型三极管。

（6）按外形封装的不同可分为金属封装三极管、玻璃封装三极管、陶瓷封装三极管、塑料封装三极管等。

（7）按工作原理分双极结三极管和场效应三极管。

3. 场效应管认识

1）场效应管分类

按沟道半导体材料的不同，结型和绝缘栅型各分 N 沟道和 P 沟道两种。若按导电方式划分，场效应管可分成耗尽型与增强型。结型场效应管均为耗尽型，绝缘栅型场效应管既有耗尽型的，也有增强型的。绝缘栅型（MOS）场效应晶体管又分为 N 沟耗尽型和增强型、P 沟耗尽型和增强型四大类，如图 1-39 所示。

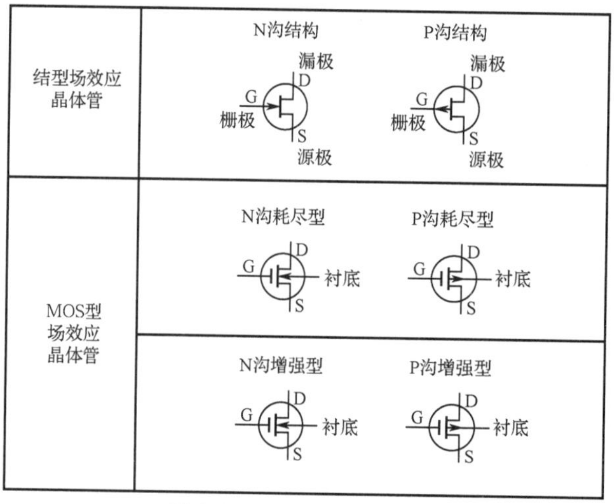

图 1-39　场效应管的分类

2）场效应管的基本参数

场效应管的基本参数有饱和漏源电流、夹断电压、开启电压、跨导等。

（1）饱和漏源电流 I_{DSS} 是指结型或耗尽型绝缘栅场效应管中，栅极电压 $U_{GS}=0$ 时的漏源电流。

（2）夹断电压 U 是指结型或耗尽型绝缘栅场效应管中，使漏源间刚截止时的栅极电压。

（3）开启电压 U_T 是指增强型绝缘栅场效应管中，使漏源间刚导通时的栅极电压。

（4）跨导 g_M 表示栅源电压 U_{GS} 对漏极电流 I_D 的控制能力，即漏极电流 I_D 变化量与栅源电压 U_{GS} 变化量的比值。g_M 是衡量场效应管放大能力的重要参数。

（5）漏源击穿电压 BU_{DS} 是指栅源电压 U_{GS} 一定时，场效应管正常工作所能承受的最大漏源电压。这是一项极限参数，加在场效应管上的工作电压必须小于 BU_{DS}。

（6）最大耗散功率 P_{DSM} 也是一项极限参数，是指场效应管性能不变坏时所允许的最大漏源耗散功率。使用时，场效应管实际功耗应小于 P_{DSM} 并留有一定余量。

（7）最大漏源电流 I_{DSM} 是一项极限参数，是指场效应管正常工作时，漏源间所允许通过的最大电流。场效应管的工作电流不应超过 I_{DSM}。

4．晶体管封装形式

1）TO-92 封装

大部分小功率三极管、小功率场效应管、小功率可控硅、小电流稳压集成电路等都采用这种封装形式。如 2SC9013、2SC9015、2SK30A、MCR100-6/K06、78L12 等，如图 1-40 所示。

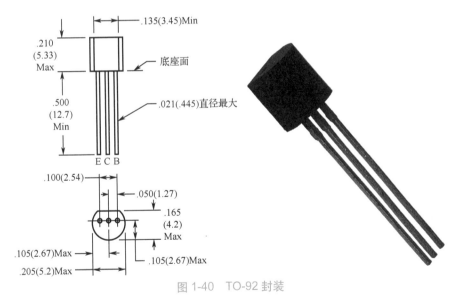

图 1-40　TO-92 封装

2）TO-220 封装

部分大功率三极管、场效应管、可控硅、三端稳压集成电路采用这种封装形式，如图 1-41 所示，有自带散热器绝缘和自带散热器不绝缘两种结构，如 TIP41、IRF540、LM7812、BTA16-1000B 等，这种封装为了便于散热还可以配上专用散热器，如图 1-42 所示。

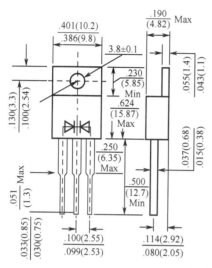

图 1-41　TO-220 封装

图 1-42　TO-220 封装配用的散热器

3）TO-18 封装

部分中小功率三极管、光电三极管采用这种封装形式，这种封装外壳是金属的，又称金属封装，多用于军用产品和工业控制设备中。如 3DG6、2N5179 等，如图 1-43 所示。

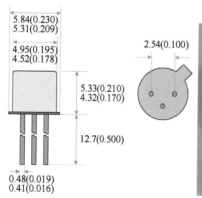

图 1-43　TO-18 封装

4) TO-3 和 TO-3p 封装

许多大功率三极管、场效应管采用这种封装形式，其中 TO-3 是金属封装，金属外壳是 C 极或 D 极，如 3DD15C，2SD870、2SD951，如图 1-44 所示。

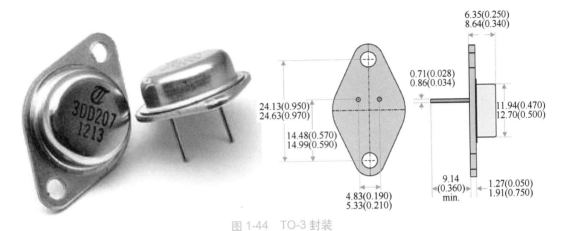

图 1-44　TO-3 封装

TO-3p 是树脂封装，有自带散热器绝缘和自带散热器不绝缘两种结构，如 2SC5200、2SD1879、2SK2753、2SD1881 等，如图 1-45 所示。

图 1-45　TO-3 和 TO-3p 封装

1.2.3　常见集成电路的封装与识别

目前集成电路种类十分繁多，封装形式也多种多样，常见的有金属圆形封装 DIP8、DIP14、DIP16、DIP24、TO-220、TO-3、BGA、软封装等，如表 1-4 所示，集成电路引脚定义如图 1-46 所示。

表 1-4　常见集成电路的封装形式

名　称	封　装　标	引脚数 / 间距	特点及其应用
金属圆形 Can TO-99		8，12	可靠性高，散热和屏蔽性能好，价格高，主要用于高档产品
功率塑封 ZIP-TAB		3，4，5，8，10，12，16	散热性能好，用于大功率器件
双列直插 DIP，SDIP DIPtab		8，14，16，20，22，24，28，40 2.54mm/1.78mm 标准 / 窄间距	塑封造价低，应用最广泛；陶瓷封装耐高温，造价较高，用于高档产品
单列直插 SIP，SSIP SIPtab		3，5，7，8，9，10，12，16 2.54mm/1.78mm 标准 / 窄间距	造价低且安装方便，广泛用于民品
双列表面安装 SOP SSOP		5，8，14，16，20，22，24，28 2.54mm/1.78mm 标准 / 窄间距	体积小，用于微组装产品
扁平封装 QFP SQFP		32，44，64，80，120，144，168 0.88mm/0.65mm QFP/SQFP	引脚数多，用于大规模集成电路
软封装		直接将芯片封装在 PCB 上	造价低，主要用于低价格民品，如玩具 IC 等

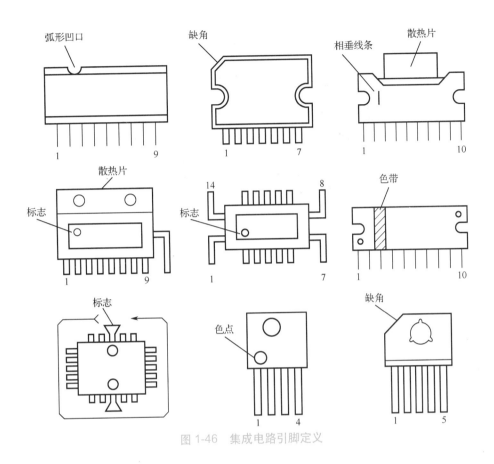

图 1-46 集成电路引脚定义

1.3 常见贴片电阻器、电容器、电感器、晶体管、集成电路的封装认识

1.3.1 常见贴片电阻器、电容器、电感器的认识和读识

1. 贴片电阻器

贴片电阻器是电阻的一种，又叫作片式固定电阻、片式电阻、片状电阻、晶片电阻，简称为片阻（Chip Fixed Resistor，SMD Resistor）如图 1-47 所示。其封装有 0402（1/32W）、0603（1/16W）、0805（1/10W）、1206（1/8W）、1210（1/4W）、1812（1/2W）、2010（3/4W）、2512（1W）等。外形有矩形、圆柱形，矩形电阻主要用于频率较高的电路中，圆柱形电阻实质上是把插孔电阻引线去掉而形成的，具有高频特性差、噪声低等特点。贴片电阻的标注有些采用数字法，如 103J、242K、1R0 等。

图 1-47　贴片电阻器

2．贴片电容器

贴片电容器分有极性贴片电容和无极性贴片电容，有极性贴片电容主要有铝、钽电容，如图 1-48（a）所示，无极性贴片电容又称片容，有多层（积层，叠层）片式陶瓷电容（英文缩写为 MLCC）和薄膜贴片电容，如图 1-48（b）所示。大部分的无极性贴片电容由于出故障的概率很低，加之体积很小，因此几乎所有的无极性贴片电容都没有标注电容耐压和数值，这给维修维护工作带来了一定的困难。

（a）贴片钽电解电容器　　　　　　　　　　　　　（b）普通无极性贴片电容器

图 1-48　贴片电容器

3．贴片电感器

贴片电感器也称表面贴装电感器，与其他贴片元器件（SMC 及 SMD）一样，是适用于表面贴装技术（SMT）的新一代无引线或短引线微型电子元件，其引出端的焊接面在同一平面上。

表面贴装电感器主要有绕线式和叠层式两种类型。前者是传统绕线电感器小型化的产物；后者则采用多层印刷技术和叠层生产工艺制作，体积比绕线型贴片电感器还要小，是电感元件领域重点开发的产品。

表面贴装电感器达到足够的电感量和品质因数比较困难，制作工艺比较复杂，故电感器片式化，明显滞后于电容器和电阻器。图 1-49 为几种常见的贴片电感器。

贴片电感器标注采用三位数字加一位字母，前两位数字代表电感量的有效数字，第三位数字代表零的个数，单位是 nH，第四位字母代表误差，如 102K、473J 等，不足 10nH 的用 N 或 R 表示小数点，4R7、1R0 等，单位也是 nH。

图 1-49　常见贴片电感器

1.3.2　常见贴片晶体管的认识

贴片晶体管只是将原来的二极管、三极管小型化封装，以便贴片安装，有贴片二极管和贴片三极管之分，其外形分别如图 1-50 和图 1-51 所示。

图 1-50　贴片二极管

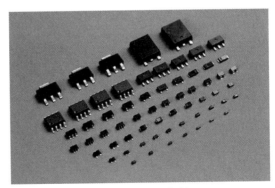

图 1-51　贴片三极管

1.4 轻触开关、霍尔元件、光电耦合器和固态继电器

1.4.1 轻触开关

轻触开关又叫按键开关，也称敏感开关，使用时以满足操作力的条件向开关操作方向施压，开关闭合接通，当撤销压力时开关即断开，是靠金属弹片受力变化来实现通断的。轻触开关在安防电子设备中得到广泛的应用，如报警探测器中的防拆开关，云台、高速球中的行程到位开关、主机主板上的设置开关等。其实物如图 1-52 所示。其主要故障多表现为接触不良或触点粘连，这些在维修时要注意检查。

图 1-52　轻触开关实物

1.4.2 霍尔元件

霍尔元件是应用霍尔效应的器件。霍尔效应是由美国物理学家霍尔于 1879 年发现的，是指磁场作用于载流金属导体、半导体中的载流子时，产生横向电位差的物理现象。当电流通过金属箔片时，若在垂直于电流的方向施加磁场，则金属箔片两侧面会出现横向电位差，半导体中的霍尔效应比金属箔片中更为明显，因此霍尔元件多用半导体制成，其实物如图 1-53 所示。在安防领域主要用于门、窗的到位感知，高速球机摄像机旋转角度和位置的检测等。

图 1-53　霍尔元件实物

1.4.3　光电耦合器

光电耦合器简称光耦。它是以光为媒介来传输电信号的器件，通常把发光器与受光器封装在同一物理实体上。当输入端加电信号时发光器发出光线，受光器接收光线之后就产生光电流，从输出端流出，从而实现了"电—光—电"转换，由于它具有体积小、寿命长、无触点，抗干扰能力强，输出和输入之间绝缘（电隔离），单向传输信号等优点，在安防系统许多设备的开关电源里用来进行高低压侧电压的反馈并实现高低压侧电压的隔离，其实物和内部结构如图 1-54 所示。光耦还有一种形式——槽型光耦传感器，如图 1-55 所示，这种光耦主要用于位置感知，在云台和高速球中进行摄像机旋转到位检测。

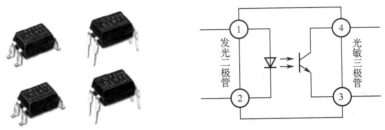

图 1-54　光耦实物和内部结构

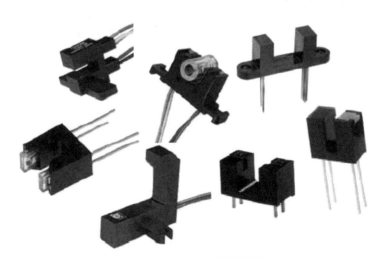

图 1-55　槽型光耦传感器

光耦的技术参数主要有发光二极管正向压降 V_F、正向电流 I_F、电流传输比 CTR、输入级与输出级之间的绝缘电阻、集电极 - 发射极反向击穿电压 $V_{(BR)CEO}$、集电极 - 发射极饱和压 $V_{CE(sat)}$。此外，在传输数字信号时还需考虑上升时间、下降时间、延迟时间和存储时间等。

1.4.4　固态继电器

固态继电器（Solid State Relay，SSR）是将现代微电子技术与电力电子技术相结合

而发展起来的一种新型无触点电子开关。在逻辑控制电路中，跟电磁继电器作用相似，在触发信号的控制下,实现以弱控制强和弱强隔离的目的。固态继电器具有工作安全可靠、寿命长、无触点、无火花、无污染、高绝缘、高耐压（越过 2.5kV）、低触发电流、开关速度快、可与数字电路完美匹配等特点。图 1-56 为两种小型固态继电器的实物图。

　　固态继电器按其适用的输出负载电源的种类分为直流固态继电器和交流固态继电器，按开关类型分为单相、双路、三相，按工作方式分为零控和随机控，按输出器件的不同分为普通型和增强型，按控制电压类型分为直流和交流控制，按用途分为常用型和专用型。在安防系统中不少报警主机、报警探测器可通过小型固态继电器输出开关量。

　　固态继电器的主要参数有控制电压范围、输入电流、开通电压、关断电压、反向电压、负载电流范围、负载电压范围和阻断电压等。

图 1-56　小型固态继电器的实物图

1.5　电路保护器件

　　熔断器是一种安装在电路中，保证电路安全运行的电气元件，有管状和贴片等几类，规格样式较多。在安防设备中有着广泛应用，熔断器会在电流异常升高到一定的高度和一定温度的时候，自身熔断切断电流，从而起到保护设备安全运行的作用。

1.5.1　管状熔断器

　　管状熔断器如图 1-57 所示，在安防设备里常见的尺寸规格有 5×20、5×25 两种，即直径 Φ5mm，长度 20mm 或 25mm。电气规格有 0.1A、0.2A、0.5A、1A、2A、5A、10A 等。同时管状熔断器还有额定工作电压等指标。

1.5.2　贴片熔断器

贴片熔断器是技术含量相对较高的新品种，如图 1-58 所示，在许多安防设备中都能见到，贴片熔断器可分为贴片电流熔断器和贴片自恢复熔断器（后面涉及）。贴片电流熔断器按产品尺寸可分类为 0402、0603、1206 等，按性能可分类为快速熔断、慢速熔断和增强熔化热能三种类型。主要电气规格有 0.5A、0.75A、1A、1.25A、1.5A、2A、3A 等。

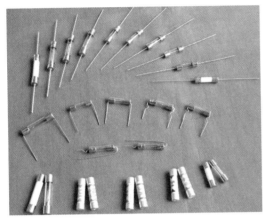

图 1-57　管状熔断器

图 1-58　贴片熔断器

1.5.3　自恢复熔断器

自恢复熔断器是一种过流电子保护元件，采用高分子有机聚合物，在高压、高温、硫化反应的条件下，掺加导电粒子材料后，经过特殊的工艺加工而成，如图 1-59 所示。传统熔断器仅能保护一次，烧断了需更换，而自恢复熔断器具有过流过热保护，自动恢复双重功能。自恢复熔断器有分立直插式和贴片式等，它的主要技术参数还有最大工作环境温度、标准工作电流、最大工作电压（U_{max}）、最大故障电流（I_{max}）等。

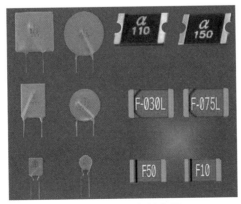

图 1-59　自恢复熔断器

1.6 实训与作业

1.6.1 课内实训

实训项目1-1：电阻器的检测

分别用数字万用表和机械万用表测量给定电阻器的阻值，并填写表1-5。

表1-5 几个电阻器的实际测量

标称值（含误差）					
测量值	数字表				
	指针表				

实训项目1-2：电位器的检测

用万用表测量给定电位器的阻值，并填写表1-6。

表1-6 几个电位器的实际测量

标称值（含误差）	测量阻值（转动角度占全长的）			
	25%	35%	50%	100%

实训项目1-3：电容器检测实训

用指针式万用表R×10k、R×1k、R×10分别测量100μF（电解）、1μF（电解）、100nF、100pF几种电容，填写表1-7，主要测量表笔刚接触的瞬间表针的摆动幅度及指针稳定下来所需的时间。

表1-7 用指针式万用表测量电容并填表

挡位/电容		100μF（电解）	1μF（电解）	100nF	100pF
R×10k	正向				
	反向				
R×1k	正向				
	反向				
R×10	正向			—	—
	反向			—	—

实训项目 1-4：电感器的直流电阻测量

用机械万用表 R×1 和 R×10 或数字万用表 200Ω 和 2kΩ 挡，分别测量教师随机给的几种电感器，填写表 1-8，主要测量其通断情况及直流电阻值。

表 1-8　用万用表测量电感器的直流电阻值

标称电感量			
直流电阻值			

实训项目 1-5：变压器的绕组测量

用机械万用表或数字万用表适当的挡位，分别测量教师随机给的变压器，填写表 1-9，主要测量各绕组间的通断情况及直流电阻值，并绘制绕组图。

表 1-9　用万用表判断变压器的绕组

挡位	绕组图

实训项目 1-6：继电器检测实训

用万用表和外接电源测量继电器的直流电阻，吸合电压和释放电压，测量常开、常闭端状态与是否加电的关系，并填写表 1-10。

表 1-10　用万用表和外接电源测量继电器并填表

继电器型号	工作电压	标称直流电阻	实测直流电阻	吸合电压	释放电压
			实测直流电阻计算电流	吸合电流	释放电流

实训项目 1-7：二极管测量实训

将万用表分别置 R×10、R×100、R×1k 挡，观察二极管 2AP9、2CP10、1N4001、1N4148 的正反向电阻阻值变化情况。并将判别、测量情况填入表 1-11。

表 1-11　二极管的测量实训

阻值 型号	R×10		R×100		R×1k		质量判别	
	正向	反向	正向	反向	正向	反向	好	坏
二极管测量　2AP9								
2CP10								
1N4001								
1N4148								

1.6.2　作业

1．熔断器电阻在电路中起着_____和电阻的双重作用。

2．电阻器的主要参数有_____、_____和_____。

3．电容器的主要参数有_____、_____和_____。

4．电感器的主要参数有_____、_____和_____。

5．电阻器的标注方式有_____法、_____法，和_____等。

6．电容器的标注方式有_____法、_____法，和_____等。

7．数标法 470k 的电阻阻值为_____，误差为_____。R47 的电阻阻值为_____。数标法 331J 的电容容值为_____，误差为_____。

8．电位器的阻值与旋转角度之间关系有_____，_____和_____。

9．常见的电源变压器根据铁芯形式可以分为_____、_____、_____和_____。在开关电源电路中采用的变压器是_____。

10．电磁继电器一般由_____、_____、_____、_____等组成。

11．继电器线圈未通电时处于断开状态的静触点，称为_____。

12．电磁继电器的主要特性参数有_____、_____、_____等。

13．有人说"电阻的标称阻值小其标称功率一定大"你认为对吗？

14．请上网查阅 1N4007 二极管的主要参数。CS9013、CS9014 三极管的主要参数和封装形式。2SD1879 三极管的主要参数和封装形式。IRF9630 场效应管的主要参数和封装形式。

15．请上网查阅 BA4558 集成电路主要参数和封装形式，其引脚顺序是怎样规定的。

16．请上网查阅轻触开关、霍尔元件、光耦和固态继电器在安防设备中的主要应用场合。

第2章 常用仪器、仪表和工具使用

概述

　　安防系统的维护与设备维修，需要学生在维护与维修过程中能较熟练地运用常用仪器、仪表和工具，从而快速准确地确定故障的性质和大概位置，通过本章的学习能使学生灵活准确地运用常用仪器、仪表和工具，为后面的维修和维护技能培养奠定基础。

学习目标

　　1. 会正确使用数字万用表和指针万用表测量电压、电流和电阻，了解两类万用表的特性；

　　2. 会正确使用电感电容表测量电感电容；

　　3. 会使用万用表测量判断二极管、三极管的好坏和极性；

　　4. 会使用示波器测量正弦波、方波、三角波及视频信号等几种主要的信号波形；

037

5. 会制作导线的成端及导线的对焊；

6. 会拆焊和装焊两脚元件、三脚元件及多脚元件；

7. 会拆焊和装焊表面安装元件。

2.1 数字万用表、指针万用表、电感电容表的使用

2.1.1 数字万用表、指针万用表认识及电压测量

1. 指针万用表和数字万用表的区别与选用

指针万用表读取精度较差，但指针摆动的过程比较直观，其摆动速度和幅度有时也能比较客观地反映被测量的大小（如测监视器数据总线 SDL 在传送数据时的轻微抖动）；数字万用表读数直观，但数字变化的过程看起来很杂乱，不太容易观看。

指针万用表内一般有两块电池，一块是低电压的 1.5V，一块是高电压的 9V 或 15V，处于欧姆挡时其黑表笔内接电池的正极。数字万用表则常用一块 6V 或 9V 的电池。在电阻挡，指针万用表的表笔输出电流相对数字万用表来说要大很多，用 R×1Ω 挡可以使扬声器发出响亮的"啪哒"声，电压也可能会高一些，如用 R×10kΩ 挡甚至可以输出 10V左右的电压，足以点亮蓝色发光二极管（LED）。

在电压挡，指针万用表内阻相对数字万用表来说比较小，测量精度相对比较差，因此在某些高电压微电流的场合无法测量准确，因为其内阻会对被测电路造成影响（如在测 CRT 监视器显像管的加速级电压时测量值会比实际值低很多）。指针万用表一般通过电压灵敏度来反映电压挡内阻，电压挡灵敏度数值越大越好，如某万用表电压挡灵敏度为 10kΩ/V DC，这样当该万用表处于 100V 挡时，其内阻就是 10kΩ/V×100V=1000kΩ。数字万用表电压挡的内阻很大，至少在兆欧级，对被测电路影响很小。但极高的输入阻抗使其易受感应电压的影响，在一些电磁干扰比较强的场合测出的数据可能是虚假的。

总之，相对来说在大电流高电压的电路测量中适用指针万用表，如电动机控制电路等。在低电压小电流的数字电路测量中适用数字万用表，如监视器、显示器等。但这不是绝对的，可根据具体情况选用指针万用表和数字万用表。

2. 万用表使用技巧

（1）测扬声器、耳机、动圈式话筒：用 R×1Ω 挡，任一表笔接一端，另一表笔点触另一端，正常时会发出清脆响亮的"啪哒"声。如果不响，则是线圈断了，如果响声小而尖，则说明扬声器、耳机、动圈式话筒可能有擦边问题，不能用。

（2）测电阻：用指针万用表测量电阻时，主要是要选好量程，当指针指示于1/3 ～ 2/3 满量程时测量精度最高，读数最准确。测量时要注意，在用 R×10k 电阻挡测大

阻值电阻时，不可将手指捏在电阻两端，这样人体电阻会使测量结果偏小。

（3）测稳压二极管：通常用到的稳压管的稳压值一般都大于 1.5V，而指针万用表 R×1k 以下的电阻挡是用表内的 1.5V 电池供电的，这样，用 R×1k 以下的电阻挡测量稳压管就如同测普通二极管一样，具有完全的单向导电性。但指针万用表的 R×10k 挡是用 9V 或 15V 电池供电的，在用 R×10k 挡测稳压值小于 9V 或 15V 的稳压管时，反向阻值不是 ∞，而有一定阻值，但这个阻值还是要远远高于稳压管正向阻值的。根据阻值大小，就可以初步估测出稳压管的好坏。但是，好的稳压管还要有个准确的稳压值，一般条件下估测稳压值的方法是：先将一块表置于 R×10k 挡，其黑、红表笔分别接在稳压管的负极和正极，这时就模拟出稳压管的实际工作状态，再取另一块表置于电压挡 10V 或 50V（根据稳压值）上，将红、黑表笔分别搭接到第一块表的黑、红表笔上，这时测出的电压值就基本上是这个稳压管的稳压值。说"基本上"，是因为第一块表对稳压管的偏置电流相对正常使用时的偏置电流稍小些，所以测出的稳压值会稍偏大一点，但基本相差不大。这个方法只可估测稳压值小于指针表高压电池电压的稳压管。如果稳压管的稳压值太高，就只能用外加电源的方法来测量了，实训项目 2-2 就是采用这种方法。

实训项目 2-1：测稳压电源电压

将桌面的稳压电源用机械万用表监视，分别调到 5V、12V 和 18V，然后再用数字万用表测量电压，并填入表 2-1。

表 2-1　测稳压电源电压

机械万用表测量值（V）			
数字万用表测量值（V）			

实训思考题：如果两者测量结果不一致，你能说明原因吗？

实训项目 2-2：用外加电源法测量稳压管的电压

请设计一个可以用万用表粗略测量稳压管稳压值的电路，把它画在下面。

实训思考题：确定稳压的稳压值时，限流电阻的阻值对测量值有影响吗？

实训项目 2-3：测量电路电压值实训

分别用数字万用表和指针万用表测量图 2-1 电路的电压，并填写表 2-2。

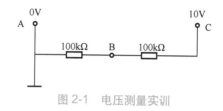

图 2-1　电压测量实训

表 2-2　测量电路电压值

	U_{AB}	U_{BC}	U_{AC}	$U_{AB} + U_{BC}$
机械万用表测量值（V）				
数字万用表测量值（V）				

实训思考题：$U_{AB} + U_{BC} = U_{AC}$？请说明原因。

2.1.2　用万用表测电流

用万用表测量常见安防设备的电流，对学生日后进行系统设计及故障处理都很有帮助，应注意测量时万用表要与设备串联。

实训项目 2-4：常见安防设备的直流工作电流的测量

分别用数字万用表测量枪式摄像机、被动红外（或双技术）探测器及主动红外探测器的工作电流，并填写表 2-3。

表 2-3　几种常见安防设备的直流工作电流

电压	枪式摄像机	被动红外探测器		主动红外探测器	
		型号		型号	
	型号	警戒	报警	警戒	报警
9.5V	10V				
12V	12V				
15V	13.2V				

2.1.3　用指针万用表测电容

测量电解电容时要注意表笔极性，测量 10nF 这样的小电容要用 R×1k 甚至 R×10k 挡，正反向两次测量，才容易看到表针的轻微偏转。

用电阻挡估测电容应根据电容容量选择适当的量程，并注意测量时对电解电容黑表笔要接电容正极。估测微法级电容容量大小时，可凭经验或参照相同容量的标准电容，根据指针摆动的最大幅度来判定。所参照的电容耐压值也不必一样，只要容量相同即可，如估测一个 100μF/160V 的电容可用一个 100μF/25V 的电容来参照，只要它们指针摆动最大幅度一样，即可断定容量一样；估测皮法级电容容量大小时，要用 R×10kΩ 挡，但只能测到 1000pF 以上的电容。对 1000pF 或稍大一点的电容，只要表针稍有摆动，即可认为容量够了；测电容是否漏电时，对 1000μF 以上的电容，可先用 R×10Ω 挡将其快速充电，并初步估测电容容量，然后改到 R×1kΩ 挡继续测一会儿，这时指针不应回返，而应停在或十分接近∞处，否则就是有漏电现象。对一些几十微法以下的定时或振荡电容，对其漏电特性要求非常高，只要稍有漏电就不能用，这时可在 R×1kΩ 挡充完电后再改用 R×10kΩ 挡继续测量，同样表针应停在∞处而不应回返。

2.1.4　用数字万用表、指针万用表测二极管

万用表置 R×1k 挡，两表笔分别接二极管的两极，若测得的电阻较小（硅管数千欧、锗管数百欧），说明二极管的 PN 结处于正向偏置，则黑表笔接的是正极，红表笔接的是负极。反之二极管处于反向偏置时，如图 2-2 所示，呈现的电阻较大（硅管数百千欧以上，锗管数百千欧），则红表笔接的是正极，黑表笔接的是负极。若正反向电阻均为无穷大或均为零或比较接近，说明二极管内部开路、短路或性能变差。

由于发光二极管不发光时，其正反向电阻均较大且无明显差异，故一般不用万用表判断发光二极管的极性。常用的办法是将发光二极管与一数百欧（如 330Ω）电阻串联，然后加

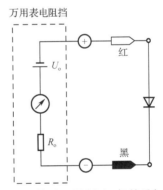

图 2-2　用指针万用表测二极管反向电阻

3～5V 的直流电压，若发光二极管亮，说明二极管正向导通，则与电源正端相接的为正极，与负端相接的为负极。如果二极管反接则不亮。要特别说明的是，不少人测试发光二极管的方法不正确。如用 9V 层叠电池直接点亮发光二极管，虽然可正常点亮，但这种做法在理论上是完全错误的。发光二极管的外特性与稳压二极管相同，导通时其端压为 1.9V 左右（红色 φ5mm）。当它与电源相连时，回路中必须设置限流电阻，否则一旦外加电压超过导通压降，将由于过流而损坏。直接用层叠电池点亮时可正常点亮不损坏发光二极管，是因为层叠电池有较大的内阻，正是内阻起到了限流作用。如果用蓄电池或稳压电源直接点亮发光二极管，则由于内阻小，无法起到限流作用，顷刻就会将发光二极管烧毁。稳压二极管与变容二极管的 PN 结都具有正向电阻小反向电阻大的特点，其测量方法与普通二极管相同。但要注意：稳压二极管的反向电阻较普通二极管小。

实训项目 2-5：二极管正向电阻测量

分别用指针万用表的 R×1、R×10、R×100、R×1k 挡测量 1N4148、1N4007、2AP9 等的正向电阻，并填写表 2-4。

表 2-4　指针万用表测量几种二极管不同挡位的正向电阻

挡位 型号	正向电阻（Ω）			
	R×1	R×10	R×100	R×1k
1N4148				
1N4007				
2AP9				

实训思考题：观察测量值，发现什么问题，并解释其中的原因。

2.1.5　用数字万用表、指针万用表测三极管

用数字万用表、指针
万用表测三极管

分别用数字万用表、指针万用表测量判断 CS9013、A1015 的引脚极性。

1. 用数字万用表判断 CS9013 三极管极性

图 2-3　三极管的内部形式

三极管的内部就像两个二极管组合而成，如图 2-3 所示，中间的是基极（B 极）。首先要找到基极并判断是 PNP 还是 NPN 管。由图 2-3 可知，PNP 管的基极是二个负极的共同点，NPN 管的基极是二个正极的共同点。这时可以用数字万用表的二极管挡去测基极，如图 2-4 所示。对于 PNP 管，当黑表笔（连表内电池负极）在基极上，红表笔去测另两个极时一般为相差不大的较小读数（一般为 0.5 ～ 0.8），如表笔反过来接则为一个较大的读数（一般为 1）。对 NPN 管来说则是红表笔（连表内电池正极）连在基极上，黑表笔分别接另两个引脚，此时表显数值为 0.5 ～ 0.8。从图 2-5 可以得知 CS9013 为 NPN 管，中间的引脚为基极。

图 2-4　万用表的二极管测量挡

　　找到基极和知道是什么类型的三极管后，就可以来判断发射极和集电极了，把万用表打到 h_{FE} 挡上，CS9013 插到 NPN 的小孔上，B 极对上面的 B 字母。读数，再把它的另两脚反转，再读数。读数较大的那次极性就是表上所标的字母，这时对着字母去认 CS9013 的 C 极和 E 极。其他的三极管判断方法类似。

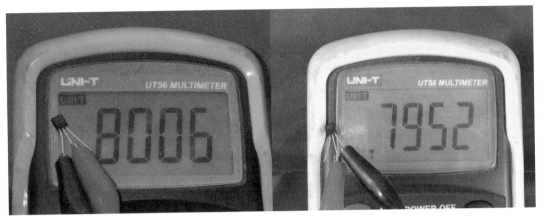

图 2-5　判断三极管基极和管型

2. 用指针万用表测量判断 A1015 的极性

　　利用指针万用表判别 A1015 三极管的类型和极性，其步骤如下。

　　（1）判别基极 B 和管型时万用表置 R×1k 挡，先将红表笔接某一假定基极 B，黑表笔分别接另两个极，如果电阻均很小（或很大），而将红、黑两表笔对换后测得的电阻都很大（或很小），则假定的基极是正确的。基极确定后，红表笔接基极，黑表笔分别接另两个极时测得的电阻均很小，则此管为 PNP 型三极管（反之为 NPN 型），测试电路如图 2-6 所示。

　　（2）判别发射极 E 和集电极 C，如图 2-7 所示，若被测管为 PNP 三极管，假定红表笔接的是 C 极，黑表笔接的是 E 极。用手指捏住 B、C 两极（或在 B、C 间串接个 100kΩ 电阻）但不要使 B、C 直接接触。若测得电阻较小（即 I_c 大），将红黑两表笔互换后测得的电阻较大（即 I_c 小），则红表笔接的是集电极 C（按照同样方法可以判别 NPN 型三极管的极性），黑表笔接的是发射极 E，如果两次测得的电阻相差不大说明三极管的性能较差。

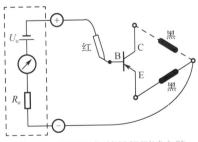

图 2-6　判断三极管基极测试电路

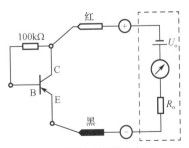

图 2-7　判断三极管 E 与 C

3．在路测二极管、三极管、稳压管好坏

在实际电路中，三极管的偏置电阻或二极管、稳压管的周边电阻一般都比较大，大都在几百、几千欧姆以上，这样，我们就可以用万用表的 R×10 或 R×1 挡来在路测量 PN 结的好坏。在路测量时，用 R×10 挡测 PN 结应有较明显的正反向特性，一般正向电阻在 R×10 挡测时表针应指示在 200Ω 左右，在 R×1 挡测时表针应指示在 30Ω 左右。如果测量结果正向阻值太大或反向阻值太小，都说明这个 PN 结有问题，这个管子不能再被使用了。这种方法对于维修特别有效，可以快速找出坏管，甚至可以测出尚未完全坏掉但特性已经变坏的管子。当用小阻值挡测量某个 PN 结正向电阻过大时，如果把它焊下来用常用的 R×1k 挡再测，可能还是正常的，其实这个管子的特性已经变坏了，不能正常工作或不稳定了。

数字万用表在判断在路晶体管 PN 结好坏时比指针万用表好用，特别对于偏置等效阻抗高的电路，用数字万用表的二极管挡测量 PN 结时，外部偏置电阻的影响比较小，产生误判的可能性要远小于指针万用表。但具体还需要在实践中不断积累经验。

实训项目 2-6：三极管测量及引脚的判断

用数字万用表蜂鸣挡测量所给的三极管，并将示数填入表 2-5 中。

表 2-5　用数字万用表测量三极管

型号 ＼ 挡位	正反向电压（V）					
	B-E 正向	B-E 反向	B-C 正向	B-E 反向	C-E	PNP/NPN

实训思考题：指针万用表与数字万用表判断三极管极性的原理一样吗？

2.1.6　场效应管的测量

多数场效应管（MOS），尤其是功率型场效应管内部都有完善的保护单元，因此在使用上与传统双极结型三极管几乎一样方便。但保护单元的存在又使场效应管的测试方法也与传统双极结型三极管有所不同。

1．基本类型场效应管测试

由于场效应管内部的保护环节有多种类型，这就使得测量过程比较复杂，常见的 NMOS 管内部 D-S 间均并联有一只寄生二极管（Internal Diode），部分 NMOS 管的 G-S 之间还并联类似于双向稳压管的元件"保护二极管"，如图 2-8 所示。由于保护二极管的导通电压较高，用万用表一般无法测量出该二极管的单向导电性。因此，这两种管子的测量方法基本类似，具体步骤如下。

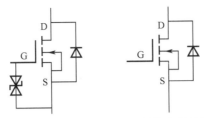

图 2-8　两种常见的 NMOS 管的内部结构

（1）由于 MOS 管栅极与漏、源两极之间绝缘阻值很高，因此 G-D、G-S 之间均表现出很高的电阻值。而寄生二极管的存在又使 D、S 两引脚间表现出正反向阻值差异很大的现象。选择指针万用表的 R×1k 挡，轮流测试任意两只引脚之间的电阻值。当出现较大幅度偏转时，与黑表笔相接的引脚即为 NMOS 管的 S 极，与红表笔相接的引脚为漏极 D，剩余引脚则为栅极 G，如图 2-9 所示。

（2）短接 G、D、S 三个电极，泄放掉 G-S 极间结电容在前面测试过程中临时存储电荷所建立起的电压 U_{GS}。G-S 极间接有双向保护二极管的 MOS 管，可跳过这一步。

（3）万用表电阻挡切换到 R×10k 挡（内置 10.5V 电池）后调零。将黑表笔接漏极 D、红表笔接源极 S，经过上一步的短接放电后，U_{GS} 降为 0V，MOS 管尚未导通，其 D-S 间电阻 R_{DS} 的值为 ∞，故指针不会发生偏转，如图 2-10 所示。

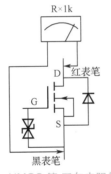

图 2-9　NMOS 管 正向电阻的测量

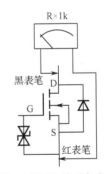

图 2-10　NMOS 管反向电阻的测量

2．NMOS 管的质量与性能的判断

NMOS 管的质量与性能的判断有两种方法：

（1）用指针万用表红表笔接 S 极，黑表笔接 D 极，用手指碰触 G-D 极，此时指针向右发生偏转，如图 2-11 所示。手指松开后，指针略微有一些摆动。用手指捏住 G-S 极，形成放电通道，此时指针缓慢回转至电阻 ∞ 的位置，如图 2-12 所示。

对于 G-S 间接有保护二极管的 MOS 管，手指撤离 G-D 极后即使不去接触 G-S 极，指针也将自动回到电阻 ∞ 的位置。值得注意的是，测试过程中手指不要接触与测试步骤不相关的引脚，包括与漏极 D 相连的散热片，避免后续测量过程中因万用表指针偏转异常而造成误判。

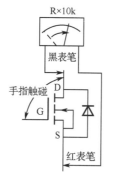

图 2-11　用手指碰触 G-D 极

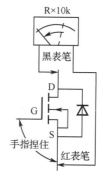

图 2-12　用手指捏住 G-S 极

（2）用红表笔接源极 S，黑表笔接栅极 G，对 G-S 间的等效结电容进行充电，此时可以忽略万用表指针的轻微偏转，如图 2-13 所示。切换到 R×1 挡，换挡后须及时对挡位进行调零。将红表笔接到源极 S，黑表笔移到漏极 D，此时 MOS 管的 D-S 极导通。根据 MOS 管类型的不同，万用表指针停留在十几欧姆至零点几欧姆不等的位置，如图 2-14 所示。交换黑表笔与红表笔的位置，万用表所指示的电阻值基本不变，说明此时 MOS 管的 D-S 极已经导通。当前万用表所指示的电阻值近似为 D-S 极导通电阻 R_{DS}(on)的值。因测试条件所限，这里得到的 R_{DS}（on）的值往往比说明书中给出的典型值偏大。

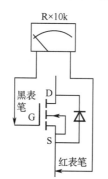

图 2-13　先给 G-S 进行充电

图 2-14　交换表笔 D-S 导通情况应相同

对于 G-S 间接有保护二极管的 MOS 管，因 G-S 间保护二极管的存在，万用表指针在接近零刻度位置后，将自动恢复到电阻∞位置。

3. 型号不明的 MOS 管的测量

PMOS 管的测量原则和方法与 NMOS 管类似，在测量过程中应注意将接表笔的顺序颠倒。

但对于型号不明的 MOS 管，通过检测单向导电性往往只能判断出其中哪一只引脚为栅极，而不能直接识别管子的极性和 D、S 极。对此，合理的测试方法如下：

（1）万用表取 R×1k 挡，在观察到单向导电性之后，交换两只表笔的位置；

（2）将万用表切换至 R×10k 挡，保持黑表笔不动，将红表笔移到栅极 G 停留几秒后再回到原位，若指针出现满偏，则该元件为 PMOS 管，且黑表笔所接引脚为源极 S，红表笔所接为漏极 D；

（3）若第（2）步指针没有发生大幅度偏转，则保持红表笔位置不变，将黑表笔移到栅极 G 停留几秒后回到原位，若指针满偏则管子类型为 NMOS，黑表笔所接引脚为漏极 D、红表笔所接为源极 S。

实训项目 2-7：用万用表测量 NMOS 管

请按照上面介绍的方法学习测量 NMOS 管，并填写表 2-6。

表 2–6．用万用表测量 MOS 管

按图 2-9 测量的阻值	按图 2-10 测量的阻值	按图 2-11 测量的阻值	按图 2-12 测量的阻值	按图 2-13 测量的阻值	按图 2-14 测量的阻值

2.1.7　用电感电容表测量电感电容

1．用胜利 6243+ 电感电容表测量电容

（1）按下电源开关接通电源；

（2）选择量程开关到相应电容量程；

（3）对电容完全放电；

（4）将黑表笔插入"–"端，红表笔插入"+"端，把电容引脚与黑表笔和红表笔接上，电解电容需要注意极性；

（5）如果显示器显示"1"，表明超过量程范围，此时应选择更高量程测量；如果显示值前有一个或几个零，将量程改换到较低量程挡以提高仪表测的分辨率。

在测量中要注意以下几种情况。

（1）如果电容值没有标明，从 2nF 量程开始逐渐上升直到超量程显示消除并显示读数。

（2）仪表的杂散电容在 2nF 量程上有几个皮法的读数，对小电容的测量将产生一定的影响。测量非常低的电容时应该用特别短的导线以避免引入杂散电容。当表笔引入了一个杂散电容值时，测试时把此电容值从测量结果中减去。

（3）大电容严重漏电或击穿时，测量将显示一数字值（一般为负数）且不稳定；测量出现此现象时，应借助其他测量工具进行确认。

2．演示测量 10pF、100nF 电容和 100μF 电解电容

（1）接通电源，选择量程开关到 2nF 电容量程，对电容完全放电，将红、黑表笔分别接电容的引脚测量，读数为"13"，减去两线空置的读数"1"（即杂散电容），即 12pF，如图 2-15 所示。

（2）接通电源，选择量程开关到 200nF 电容量程，对电容完全放电，将红、黑表笔

分别接电容的引脚测量，读数为"93.4"，即 93.4nF，如图 2-16 所示。

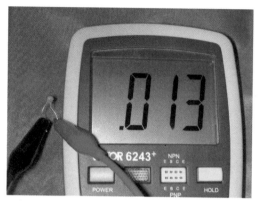

图 2-15　测量 10pF 瓷片电容

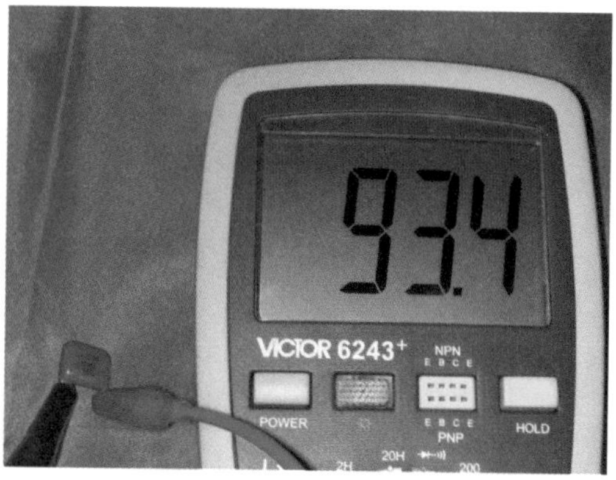

图 2-16　测量 100nF 聚酯电容

图 2-17　测量 100μF 电解电容

（3）接通电源，选择量程开关到 200μF 电容量程，对电容完全放电（大电容这点特别重要），将红、黑表笔分别接电容的正极引脚和负极引脚测量，读数为"100.8"，即 100.8μF，如图 2-17 所示。

3．用胜利 6243+ 电感电容表测量电感

（1）按下电源开关接通电源。

（2）选择量程开关到相应电感量程。

（3）将黑表笔插入"−"端，红表笔插入"+"端，把电感引脚与黑表笔和红表笔接上。

（4）如果显示器显示"1"，表明超过量程范围，此时应选择更高量程测量；如果显示器显示值前有一个或几个零，将量程改换到低量程挡以提高测量的分辨率。

在测量中要注意以下情况。

如果电感值没有标明，从 2mH 量程开始逐渐上升直到超量程显示消除并显示读数，在使用 2mH 量程时，应先将表笔短路，测得线电感值，然后在实测中减去；测量非常低的电感时应该用特别短的导线以避免引入杂散电感。

4．测量 1500μH、高频变压器和滤波器的绕组电感量

（1）接通电源，选择量程开关到 2mF 电感量程，将红、黑表笔分别接电感的引脚测量，读数为"1.571"，即 1.571mH，如图 2-18 所示。

（2）接通电源，选择量程开关到 2mF 电感量程，将红、黑表笔分别接高频变压器的次级引脚测量，读数为"0.047"，即 0.047mH，如图 2-19 所示。

（3）接通电源，选择量程开关到 2mF 电感量程，将红、黑表笔分别接滤波器绕组的引脚测量，读数为"1"，表明超过量程范围，再选择量程开关到 20mF 电感量程，读数为"4.32"，即 4.32mH，如图 2-20 所示。

图 2-18 测量 1500μH 电感

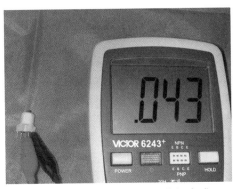

图 2-19 测量高频变压器绕组电感

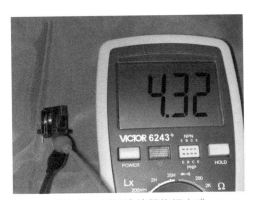

图 2-20 测量滤波器绕组电感

实训项目 2-8：电感电容测试仪的使用

练习用胜利 6243+ 电感电容测试仪测量，并填写表格 2-7。

表 2-7 用电感电容测试仪测量电感（变压器）、电容

	电容		电感	变压器	
				绕组 1	绕组 2
标称值					
测量值					

2.2 用示波器测量波形

2.2.1 示波器面板功能介绍与自身校准

下面以 RIGOL-DS1152E 示波器为例，介绍示波器的基本工作单元：前面板、垂直控制系统、水平控制系统、触发控制系统。

1．前面板

RIGOL-DS1152E 数字示波器有一个简单而功能明晰的前面板，在上面可以进行基本的操作，如图 2-21 所示。面板上包括旋钮和功能按键，旋钮的功能与其他示波器类似。显示屏右侧的一列 5 个灰色按键为菜单操作键（自上而下定义为 1 ～ 5 号）。通过它们，可以设置当前菜单的不同选项；其他按键为功能键，通过它们可以进入不同的功能菜单或直接获得特定的功能应用。

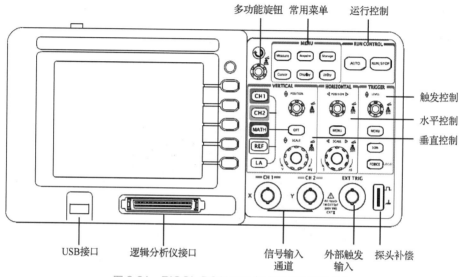
图 2-21 RIGOL-DS1152E 数字示波器面板图

2．垂直控制系统

如图 2-22 所示，在垂直控制区（VERTICAL）有一系列的按键、旋钮，下面介绍垂直控制系统的使用。

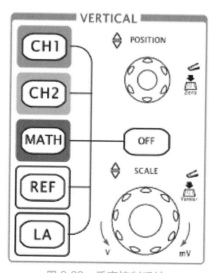
图 2-22 垂直控制系统

（1）使用垂直◎ POSITION 旋钮在波形窗口居中显示信号。

（2）垂直◎ PSITION 旋钮控制信号的垂直显示位置。当转动垂直◎ PSITION 旋钮时，指示通道地（GROUND）的标识跟随波形而上下移动。

（3）改变垂直设置，并观察因此导致的状态信息变化。

（4）在使用时可以通过波形窗口下方的状态栏显示的信息，确定任何垂直挡位的变化。转动垂直◎ SCAE 旋钮改变"Volt/div（伏 / 格）"垂直挡位，可以发现状态栏对应通道的挡位显示发生了相应的变化。

（5）按 CH1、CH2、MATH、REF、LA，屏幕显示对应通道的操作菜单、标志、波形和挡位状态信息。按 OFF 键关闭当前选择的通道。

测量技巧：

（1）如果通道耦合方式为 DC，可以通过观察波形与信号地之间的差距来快速测量信号的直流分量。如果耦合方式为 AC，信号里面的直流分量被滤除。这种方式方便使用者用更高的灵敏度显示信号的交流分量。

（2）双模拟通道垂直位置恢复到零点快捷键，旋动垂直旋钮不但可以改变通道的垂直显示位置，更可以通过按下该旋钮作为设置通道垂直显示位置恢复到零点的快捷键。

（3）Coarse/Fine（粗调 / 微调）快捷键，可通过按下垂直旋钮作为设置输入通道的粗调 / 微调状态的快捷键，调节该旋钮即可粗调 / 微调垂直挡位。

3．水平控制系统

水平控制区（HORIZONTAL）有一个按键、两个旋钮，如图 2-23 所示。下面介绍水平时基的设置。

（1）使用水平◎ SCALE 旋钮改变水平挡位设置，并观察因此导致的状态信息变化。

（2）转动水平◎ SCALE 旋钮改变"s/div（秒 / 格）"水平挡位，可以发现状态栏对应通道的挡位显示发生了相应的变化。水平扫描速度从 2ns 至 50s，以 1-2-5 的形式步进。

（3）Delayed（延迟扫描）快捷键，水平◎ SCALE 旋钮不但可以通过转动调整"s/div（秒 / 格）"，还可以按下此按钮切换到延迟扫描状态。

（4）使用水平◎ SCALE 旋钮调整信号在波形窗口的水平位置。

（5）水平◎ POSITION 旋钮控制信号的触发位移。当转动水平◎ POSITION 旋钮调节触发位移时，可以观察到波形随旋钮而水平移动。

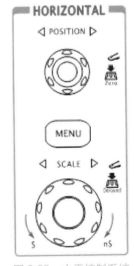

图 2-23　水平控制系统

触发点位移恢复到水平零点快捷键，水平◎ POSITION 旋钮不但可以通过转动调整信号在波形窗口的水平位置，还可以按下该键使触发位移（或延迟扫描位移）恢复到水平零点处。

按 MENU 按键，显示 TIME 菜单。在此菜单下，可以开启 / 关闭延迟扫描或切换 Y 一

T、X－Y 和 ROLL 模式，还可以设置水平触发位移复位。

所谓触发位移指实际触发点相对于存储器中点的位置。转动水平◎ POSITION 旋钮，可以平移动触发点。

4．触发控制系统

触发控制区（TRIGGER）有一个旋钮、三个按键，如图 2-24 所示。下面介绍触发系统的设置。

使用旋钮改变触发电平设置转动◎ LEVEL 旋钮，可以发现屏幕上出现一条橘红色的触发线及触发标志随旋钮◎ LEVEL 转动而上下移动。停止转动旋钮，此触发线和触发标志会在约 5s 后消失。在移动触发线的同时，可以观察到在屏幕上触发电平的数值发生了变化。

触发电平恢复到零点快捷键，旋动垂直旋钮不但可以改变触发电平值，还可以通过按下该旋钮作为设置触发电平恢复到零点的快捷键。

使用 MENU 调出触发操作菜单，如图 2-25 所示，改变触发的设置，观察由此造成的状态变化。

图 2-24　触发控制区

图 2-25　触发操作菜单

（1）按 1 号菜单操作按键，选择边沿触发。

（2）按 2 号菜单操作按键，选择"信源选择"为 CH1。

（3）按 3 号菜单操作按键，设置"边沿类型"为上升沿。

（4）按 4 号菜单操作按键，设置"触发方式"为自动。

（5）按 5 号菜单操作按键，进入"触发设置"二级菜单，对触发的耦合方式，触发灵敏度和触发释抑时间进行设置。

（6）按 50% 按键，设定触发电平在触发信号幅值的垂直中点。

（7）按 FORCE 按键：强制产生一个触发信号，主要应用于触发方式中的"普通"和"单次"模式。

5．机内波形测量与探头的校准

将示波器的通道探头钩在右下角一个带"⊓"符号位置的接线柱上，这里输出的是一个 1000Hz，峰－峰幅度为 3V 的方波，此时示波器上就会有一个方波图形显示出来，如方波图形显示不理想，如图 2-26 和图 2-27 所示，其中图 2-26 为补偿不足，图 2-27 为补偿过度，适当调节探头上的补偿电容，使之成为理想的方波即可，如图 2-28 所示。

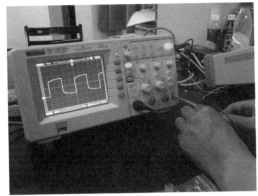
图 2-26　补偿不足的波形

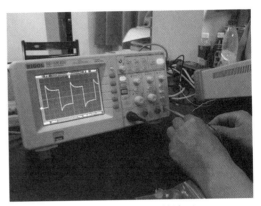
图 2-27　补偿过度时的波形

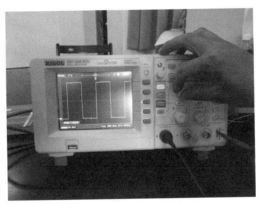
图 2-28　补偿合时的波形

实训项目 2-9：机内波形测量与探头的校准

画出测量的校准方波在过补偿、欠补偿时的波形图，并标注上纵横标尺及标尺的单位。

2.2.2　用示波器观察信号发生器输出的各种波形信号

以 RIGOL-DS1152E 示波器及数英 TFG1005 函数信号发生器为例，把函数信号发生器设置成下面几种波形输出。

用示波器测量波形

1）50Hz、峰－峰幅度 1V 正弦波输出

（1）按下【Shift】+【正弦波】，设定输出信号的波形为正弦波；

（2）按下【频率】+【5】+【0】+【B 路 s/Hz/V】，即可使输出信号的频率设定为50Hz；

（3）按下【Shift】+【峰峰值】，设定输出幅度为峰－峰幅度；

（4）按下【幅度】+【1】+【B 路 s/Hz/V】，即可使输出信号的幅度设定为 1V 峰－峰值；

（5）将测量探头接在第 1 通道，选择水平扫描周期为 5ms/ 格，选择垂直幅度为 0.2V/ 格；适当调节触发电平，就可以使波形稳定，波形如图 2-29 所示。

2）1000Hz、峰－峰幅度 1V 三角波输出

（1）按下【Shift】+【三角波】，设定输出信号的波形为三角波；

（2）按下【频率】+【1】+【0】+【0】+【0】+【B 路 s/Hz/V】，即可使输出信号的频率设定为 1000Hz；

（3）按下【Shift】+【峰峰值】，设定输出幅度为峰－峰幅度；

（4）按下【幅度】+【1】+【B 路 s/Hz/V】，即可使输出信号的幅度设定为 1V 峰－峰值；

（5）将测量探头接在第 1 通道，选择水平扫描周期为 200μs/ 格，选择垂直幅度为 0.2V/ 格；适当调节触发电平，就可以使波形稳定，波形如图 2-30 所示。

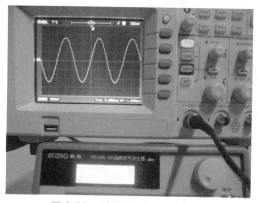
图 2-29　测量 50Hz 正弦波

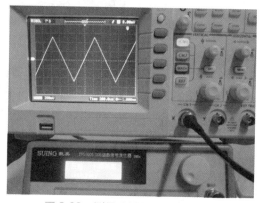
图 2-30　测量 1000Hz 三角波

3）1MHz、峰－峰幅度 1V 方波输出

（1）按下【Shift】+【方波】，设定输出信号的波形为方波；

（2）按下【频率】+【1】+【0】+【0】+【0】+【A 路 kHz】，即可使输出信号的频率设定为 1MHz；

（3）按下【Shift】+【峰峰值】，设定输出幅度为峰－峰幅度；

（4）按下【幅度】+【1】+【B 路 s/Hz/V】，即可使输出信号的幅度设定为 1V 峰－峰值；

（5）将测量探头接在第 1 通道，选择水平扫描周期为 200ns/ 格，选择垂直幅度为 0.2V/ 格；适当调节触发电平，就可以使波形稳定，波形如图 2-31 所示。

4）迅速显示所测信号

如果想迅速显示所测信号，可按如下步骤操作。

（1）将探头菜单衰减系数设定为 10×，并将探头上的开关设定为 10×，即选择匹配的衰减。

（2）将通道 1 的探头连接到电路被测点。

（3）按下 AUTO（自动设置）按键。

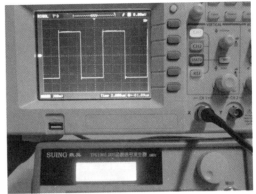

图 2-31　测量 1MHz 方波

（4）示波器将自动设置使波形显示达到最佳状态。在此基础上，可以进一步调节垂直、水平挡位，直至波形的显示符合要求。

5）进行自动测量

示波器可对大多数波形信号进行自动测量。欲测量信号频率和峰峰值，请按如下步骤操作：

（1）测量峰-峰值。

➢ 按下 Measure 按键以显示自动测量菜单；

➢ 按下 1 号菜单操作键以选择信源 CH1；

➢ 按下 2 号菜单操作键选择测量类型：电压测量。在电压测量弹出菜单中选择测量参数：峰峰值。此时，就可以在屏幕左下角发现峰-峰值的显示。

（2）测量频率。

按下 3 号菜单操作键选择测量类型：时间测量。在时间测量弹出菜单中选择测量参数：频率。此时，就可以在屏幕下方发现频率的显示。

实训项目 2-10：正弦波、三角波、方波波形产生和测量

画出测量的 50Hz 正弦波、三角波、方波波形图，并标注上纵横标尺及标尺的单位。

2.2.3　用示波器观察 RS-485 总线信号

将硬盘录像机 RS-485 总线输出设置为 Pelco-p，9600bps，按下硬盘录像机的键盘控制钮，不同的控制钮上输出的信号波形不会完全一样，将测量探头接在第 1 通道，选择水平扫描周期为 2ms/ 格，选择垂直幅度为 0.2V/ 格；适当调节触发电平，就可以使波形稳定，波形如图 2-32 所示。

图 2-32　RS-485 总线输出波形

实训项目 2-11：RS-485 总线输出波形测量

画出测量到的 RS-485 控制信号波形图，请注明协议类型、波特率、操作地址及控制命令的类型（上、下、左、右，变倍、聚焦、光圈等）并标注上纵横标尺及标尺的单位。

2.2.4　用示波器观察摄像机输出的视频信号

用示波器观察摄像机输出的视频信号可按如下步骤操作：

（1）按下触发控制区域（TRIGGER）的【MENU】按键以显示触发菜单；

（2）按下 1 号菜单操作键选择视频触发；

（3）按下 2 号菜单操作键设置信源选择为 CH1；

（4）按下 3 号菜单操作键选择视频极性为负极性；

（5）按下 4 号菜单操作键选择同步为奇数场或偶数场；

（6）调整◎ LEVER 旋钮使触发电平位于视频同步脉冲，以得到良好的触发状态；

（7）应用水平控制区域的水平◎ SCALE 旋钮调整水平时基，以得到清晰的波形显示；

（8）选择场同步触发所信号显示的波形如图 2-33 所示，选择行同步信号触发所显示的波形如图 2-34 所示。

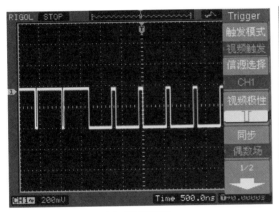

（a）场同步信号　　　　　　　　　　　　（b）若干场视频信号

图 2-33　选择场同步触发信号所显示的波形

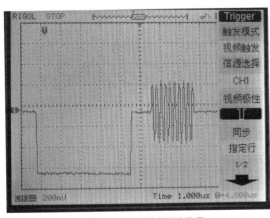

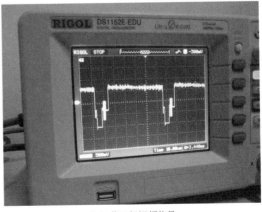

（a）行同步头上的色同步信号　　　　　　（b）若干行视频信号

图 2-34　选择行同步触发信号所显示的波形

实训项目 2-12：RS-485 总线输出波形测量

画出测量到的摄像机输出的视频行信号波形图，并标注上纵横标尺及标尺的单位。

2.3 元器件的拆焊与装焊训练

元器件的拆焊与
装焊训练

2.3.1 导线成端、焊接与对焊接

1. 导线的成端

　　导线的成端在设备维修及系统维护中十分常见，一些地方要求用如图 2-35 所示的成端端子来制作，这种成端在产品加工过程常用，但在维修维护的现场则主要用搪锡的办法来实现。

　　（1）将要做成端的导线的两端绝缘层剥出适当的长度，长度 3 ～ 5mm，如图 2-36 所示。注意不要将多芯导线的芯弄伤、弄断。剥除绝缘层的时候尽量一次性将导线的芯拧紧。

　　（2）将拧紧的芯在松香里加锡进行搪锡工序，如图 2-37 所示，搪锡的量以导线线芯中的锡饱满但不滴落为佳，这样导线的成端就做好了。

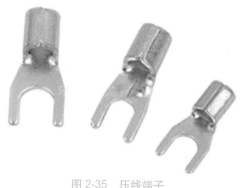

图 2-35　压线端子

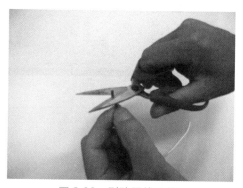

图 2-36　剥除导线绝缘

2. 导线的焊接

导线的焊接主要是指把导线从电路中引入和引出，其具体做法是将做好的导线成端，放置在需要从电路中引入和引出的地方，用烙铁加热再熔入适当焊锡丝将导线焊接电路上。

3. 导线的对焊接

导线的对焊接是指在维修维护过程中需要将两条导线对焊起来，因为绞焊操作比较容易，这里以搭焊为例介绍焊接过程。

（1）将要对接的导线的那端绝缘层剥出适当的长度，搭焊长度约为 5mm，绞焊长度为 20 ～ 25mm，注意不要将多芯导线的芯弄伤、弄断。剥除绝缘层的时候尽量一次性将导线的芯拧紧。

（2）将拧紧的芯在松香里加锡进行搪锡工序，搪锡的量以导线线芯中的锡饱满但不滴落为佳，做好导线的成端。

（3）用拇指和食指夹住一条导线，然后用中指和无名指夹住另一条导线，将做好的成端对好，用烙铁熔化对上的成端，必要时加上一点焊锡丝，待成端熔接在一起并冷却后，整个工作就算完成了，如图 2-38 所示。

（4）最后不要忘记在焊接处做好绝缘处理。

图 2-37　蘸松香搪锡

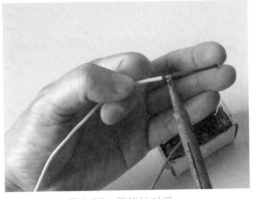
图 2-38　导线的对焊

实训项目 2-13：导线的对焊
请按照上述的步骤和方法进行导线的对焊。

2.3.2　电阻、电容、二极管的拆焊与装焊

在设备维修中经常会遇到一些怀疑损坏的电阻、电容、二极管的拆焊，以及重新装焊的情况。

1. 拆焊具体操作

（1）找到怀疑损坏的电阻、电容或二极管的对应引脚的焊盘，认真观察大功率电阻和大电流二极管的安装高度，如图 2-39 所示，认真观察电解电容、二极管的极性方向，有散热器的二极管应该先松开与散热器的连接，并注意散热器与二极管之间是否需要绝缘及怎样绝缘。

（2）用烙铁加热焊盘，待焊盘上的锡熔化后，用烙铁头顶起引脚使电阻、电容或二极管略微翘起，如图 2-40 所示。

图 2-39　有安装高度要求的元件

图 2-40　用烙铁头顶起引脚

（3）用手或镊子将这个引脚完全从焊盘上抽出如图 2-41 所示。双面板用烙铁拆焊这个过程比较麻烦，需要有一定的耐心，如果用热风焊就比较方便，但要注意控制时间和火候，否则线路板可能被烫坏。

（4）按步骤（3）拆出第二支引脚，整个拆焊过程要小心，不要用力过猛，因为其中不少器件仅仅是怀疑损坏，如果本身并没有损坏，而是被拆损坏的，这样反而会带来更大的损失。

2. 装焊具体过程

（1）双面板要注意使每个需要焊接的孔变成通孔。

（2）对于没有损坏的电阻、电容、二极管，直接装回焊上即可，在装焊时要注意二极管和电解电容的极性，不要装反了，否则上电后可能会出现更大的故障。此外拆焊时由于引脚用力不均而引起的引脚变形在装焊前要注意修正，否则会给装焊带来困难。

（3）新换的元件应按原来电路板上元件引脚尺寸，先弯折引脚，如图 2-42 所示，然后装回焊上。对于大功率电阻和大电流二极管，应按原来的安装高度进行安装，有散热器的要保证与散热器的紧密可靠接触，还要注意二极管与散热器之间的绝缘。对于小功率二极管要注意掌握焊接时间，防止过热损坏二极管，焊接锗二极管时要特别注意这一点。

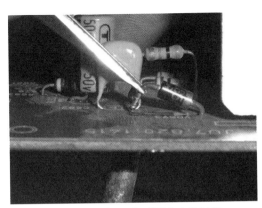

图 2-41　用镊子将引脚完全从抽出

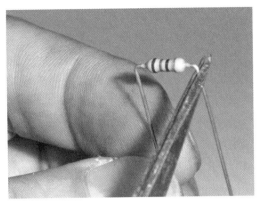

图 2-42　元件的引脚成型

2.3.3　三极管、集成块的拆焊与装焊

1. 三极管的拆焊与装焊

在设备维修中经常会遇到一些疑似损坏的三极管的拆焊及重新装焊的情况。

1）拆焊具体操作

（1）找到怀疑损坏三极管对应引脚的焊盘，认真观察中、大功率三极管的安装高度，认真观察三极管的极性方向，有散热器的三极管应该先松开与散热器的连接，并注意散热器与三极管之间是否需要绝缘，是怎样绝缘的。

（2）对于小功率三极管有的线路板上其三只脚的距离十分近，可以就近直接用烙铁加热三个焊盘，待焊盘上的锡熔化后，在另一面用手或镊子直接将三极管取出即可，如图 2-43 和图 2-44 所示，在拆焊时对于小功率三极管要注意用镊子夹住引脚，帮助散热，防止烫坏三极管。对于没有办法一次同时加热三个焊盘的三极管，可用烙铁头依次轮流加热三个焊盘，另一头轮流抬起相应引脚的办法将三极管拆下，如图 2-45 所示。大功率三极管这样拆有困难时可参考拆集成块的办法进行拆焊，拆焊时应先松开与散热器紧固的螺钉，否则烙铁可能无法正常熔化焊锡。

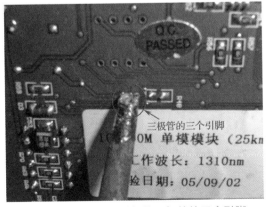

图 2-43　用烙铁同时加热三极管的三个引脚

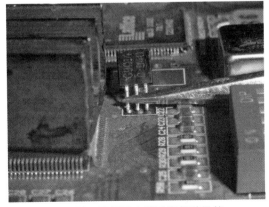

图 2-44　用镊子夹住引脚帮助散热

2）装焊具体过程

（1）双面板要注意使每个需要焊接的孔变成通孔。

（2）对于没有损坏三极管，直接装回焊上即可，在装焊时要注意三极管的极性，不要装反了。对于拆焊时由于引脚用力不均而引起的引脚变形在装焊前要注意修正。

（3）新换的三极管应按原来电路板上引脚尺寸，先弯折引脚，然后装回焊上。对于大功率三极管，应按原来的安装高度进行安装，并保证与散热器的紧密可靠接触，同时还要注意与散热器之间的绝缘，但要注意先焊接后与散热器紧固，否则可能会影响焊接质量，如图2-46所示。对于小功率三极管要注意掌握焊接时间，防止过热损坏。

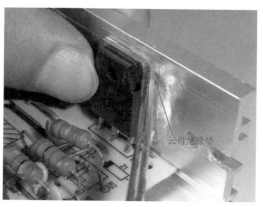

图2-45　用烙铁轮流加热三个引脚　　　　图2-46　大功率三极管极板与散热器的绝缘

2. 集成块的拆焊与装焊

在设备维修中经常会遇到一些疑似损坏的集成块的拆焊及重新装焊的情况。拆焊集成块的方法很多，有吸锡器法、注射针头隔离法、毛细吸锡法，这里主要介绍毛细吸锡法，此法对单双面板均有效，但单面板效果非常好，这种方法也可以用来拆大功率三极管和高压包、开关变压器等。

1）拆焊具体操作

（1）找到怀疑损坏集成块对应引脚的焊盘，认真观察集成块安装方向，有散热器的集成块应该先松开与散热器的连接，并注意散热器与集成块之间是否需要绝缘，怎样绝缘的。

（2）取一段屏蔽电缆，屏蔽层导线线径越细股数越多效果越好，剥离其外层屏蔽层，用来做毛细吸锡的载体——吸锡编织线，如图2-47所示。

（3）将吸锡编织线放入松香中用烙铁加热，使之吸入一些松香，如图2-48所示。

（4）将吸入松香的吸锡编织线放在集成块引脚上，以便用烙铁加热至焊锡熔化，一边移动，这样引脚焊盘上的焊锡就会被吸得很干净，如图2-49所示，待全部引脚焊盘上的锡都被吸干净后，用手或镊子就可直接将集成块取下，而且对于单面板上焊盘上的孔无须再通孔，装焊时十分方便。对于双面板则需要更长一点的时间和更多一点的耐心。

图 2-47 吸锡编织线

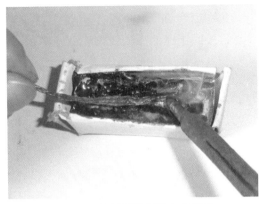

图 2-48 给吸锡编织线上点松香

2）装焊具体过程

（1）对于没有损坏集成块，直接装回焊上即可，在装焊时要注意集成块的方向，不要装反了。对于拆焊时由于引脚用力不均而引起的引脚变形在装焊前要注意修正。

（2）对于新换的集成块，单列的一般可以直接插入，双列直插的一般只需要稍微调整一下两列脚的距离就可以插入。插入后的焊接同一般焊盘的焊接，烙铁先在焊盘上加热，待锡熔化后加焊锡丝，控制焊锡量即可，如图 2-50 所示。

图 2-49 烙铁加热编织线吸锡

图 2-50 集成块的焊接

3．双面板穿孔焊锡的清除

对于双面板穿孔残留焊锡的清除，如果直接用吸锡枪则无法清除干净，这时则可以采用以退为进的方式先给焊盘上满焊锡，如图 2-51 所示，再用吸锡枪将焊锡吸走即可。

图 2-51 给焊盘上满焊锡

063

> 实训项目 2-14：多脚元件拆焊
> 请按照上述的步骤和方法进行多脚元件拆焊练习。

2.3.4　表面安装器件的拆焊与焊接工艺

1. SOP 芯片的拆焊

SOP 芯片一般采用两边同时加入足够的焊锡，并且快速交替加热两边，待焊锡充分熔化后，SOP 芯片就可以取下来了，如图 2-52 所示。

2. QFP、QFN 芯片的拆焊

QFP、QFN 芯片的拆卸一般需要用到热风枪，同时需要选择合适的封嘴才能起到良好的效果，通常风量调到中挡偏高一些，温度设置在 350℃～400℃，对着 QFP、QFN 芯片的四周转着吹，待焊锡熔化后芯片就可以拆下来了，如图 2-53 所示。

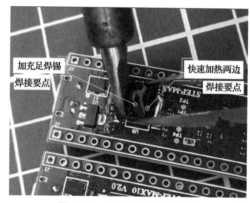
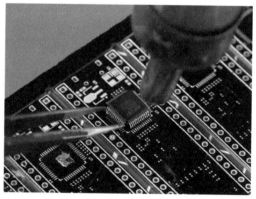

图 2-52　SOP 芯片的拆焊　　　　　　　　图 2-53　QFP、QFN 芯片的拆焊

3. 贴片元器件的焊接

贴片元器件的焊接应根据引脚特点采用相应的操作方法。

（1）有 2～4 只脚的贴片元器件的焊接：先给其中需要固定的那个焊盘搪上少量焊锡，其他焊盘暂不搪锡，用镊子按住，固定好后用电烙铁先焊接这一端，等所有元件都固定好以后，再回头焊接其他引脚。

（2）引脚较多但间距较宽的贴片元器件的焊接：先在一个焊盘上镀锡，然后左手用镊子夹持元器件将一只脚焊好，再焊其余的引脚。

（3）引脚较多但间距较窄的贴片元器件的焊接：先给要焊接的元件引脚搪锡，然后在一个焊盘上镀锡，用烙铁将此引脚固定，再在对侧再找一个引脚固定，接下来可以用热风枪来回加热焊接，当然也可以直接用烙铁焊接，这主要取决各人焊接技术的熟练程度。

2.4 作业与思考题

1．指针万用表内一般有两块电池，一块低电压的____V，一块是高电压的 9V 或 15V，处于欧姆挡的时候其黑表笔内接电池的_____。

2．用指针万用表测量电阻时，当指针指示于_____满量程时测量精度最高，读数最准确。

3．在用万用表测量常见安防设备电流时，应注意测量时万用表要与设备_____联。

4．某万用表电压挡灵敏度为 5kΩ/V DC，这样当该万用表处于 10V 挡时，其内阻为_____。

5．A 指针万用表测量电解电容漏电电阻阻值大的那次测量黑表笔所接的是电容的_____。

6．用电感电容表测量电容时，为保证仪器的不被电容的高压击毁，应该首先对电容进行_____。

7．焊接安装大功率电阻和大电流二极管，应按原来的_____进行安装，有散热器的要保证与散热器的_____，还要注意二极管与散热器之间的_____。

8．大功率三极管或集成块的拆焊与焊接时应先松开与_____的螺钉，否则烙铁可能无法正常熔化焊锡。

9．说出判断普通双极性三极管引脚的两种方法。

10．报警探测器的工作电流是处于警戒的时候大还是报警输出的时候大？

11．指针万用表和数字万用表测量各有什么不同？

12．示波器测量波形怎样使波形同步？

13．怎样拆焊集成电路、如何进行表面安装元件的拆焊和焊接？

14．怎样判别二极管、三极管的引脚？

15．电阻、电容、晶体管的替代原则是什么？

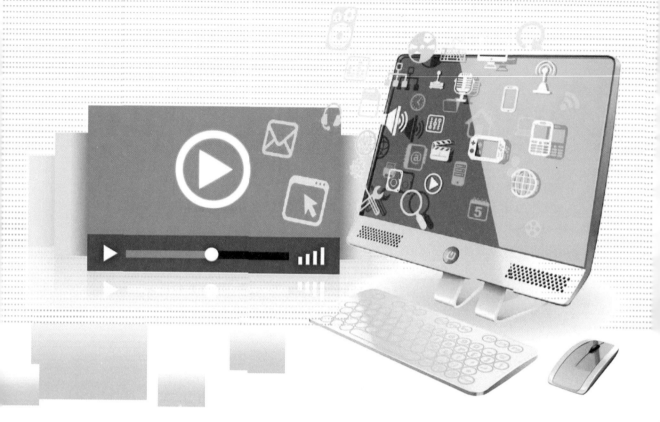

第3章 常用电源集成芯片介绍

概述

安防系统设备维修需要学生对设备中的电源部分有比较深刻的了解和认识，特别是对其中常用电源集成芯片有较深刻的了解和认识，通过本章的学习使学生对设备中常用的电源集成芯片不再陌生，并能够有一定的应用能力，为后面维修维护技能的进一步提高打下基础。

学习目标

1. 能在实物电路板上认识和识别 LM78××/79××、LM1117 系列及 TL431 等电源集成芯片，能掌握其封装形式和引脚排列，并能掌握 LM78××/79××、LM1117 系列及 TL431 的功能及典型接法。

2. 能在实物电路板上认识和识别 MC34063、MP1482 及 TPS40210 等电源芯片及主要引脚功能，了解它们的典型电路的特点。

066

3.1　线性稳压电源芯片

3.1.1　LM78×× 和 LM79×× 系列

安防电子产品中常见到的三端稳压集成电路有正电压输出的 LM78×× 系列和负电压输出的 LM79×× 系列。顾名思义，三端稳压集成电路只有三个引脚输出，分别是输入端、接地端和输出端。

LM78××/LM79×× 系列三端稳压集成电路组成的稳压电路外围元件少，还有过流、过热及调整管的保护电路，使用可靠、方便。在 78 或 79 后面的数字代表该三端集成稳压电路的输出电压，共有 9 种，分别为 05、06、09、10、12、15、18、24。如 7806 表示输出电压为正 6V，7909 表示输出电压为负 9V。

有时在数字 78 或 79 后面还有一个 M 或 L，如 78M12 或 79L24，用以区别输出电流和封装形式等，其中 LM78L×× 系列的最大输出电流为 100mA，LM78M×× 系列的最大输出电流为 0.5A，78 系列最大输出电流为 1.5A。LM78L×× 为 TO-92 封装，LM78×× 和 LM78M×× 为 TO-220 或 TO-202 封装。LM79×× 系列除输出电压为负，引出脚排列不同以外，命名方法、外形等均与 LM78×× 系列相同。图 3-1 为 LM78××/LM79×× 系列三端稳压电路的封装引出脚排列。图 3-2 为其典型电路连接。

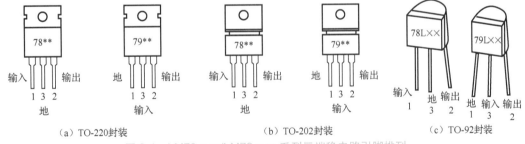

(a) TO-220封装　　　　　　　(b) TO-202封装　　　　　(c) TO-92封装

图 3-1　LM78××/LM79×× 系列三端稳电路引脚排列

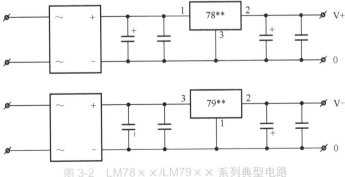

图 3-2　LM78××/LM79×× 系列典型电路

注意三端集成稳压电路的输入、输出和接地端绝不能接错。通常三端集成稳压电路的最小输入、输出电压差约为 2V，否则不能输出稳定的电压，最好使电压差保持在 4～5V。在实际应用中，电压差越大，电流越大，则在三端集成稳压电路上安装的散热器也应该越大，否则稳压性能将变差，甚至损坏。

实训项目 3-1：设计 LM78×× 系列的稳压电源

用 7805 设计一个 5V 的稳压电源，测量负载为 0.2A 时，输入电压在 5～15V 变化时，输出电压的变化情况，并填写表 3-1。

表 3-1　测量输出电压

输入电压（V）	输出电压（V）
5	
6	
8	
10	
15	

3.1.2　LM1117 系列

LM1117 是一个低压差电压调节器系列，其压差当负载电流为 800mA 时输出电压为 1.2V，电路简单，只有 3 个引脚。LM1117 有可调电压的版本，通过 2 个外部电阻器可实现 1.25～13.8V 的输出电压范围。还有固定电压输出的版本——LM1117-××，有 1.2V、1.5V、1.8V、2.5V、2.85V、3.0V、3.3V、5.0V 等几个固定电压的输出，输出精度为 1%（1.2V 为 2%），如 1117-1.8 就表示输出电压为 1.8V。LM1117 的最高输入电压为 20V，最大负载电流为 1A，使用方法与 78×× 系列类似，但引脚不同。LM1117 系列具有 TO-252（DPAK）、TO-220、TO-263（D²PAK）、SOT-223 和 LLP 等几种封装形式，其引脚排列如图 3-3 所示。输出端需要一个至少 10μF 的钽电容器来改善瞬态响应和稳定性，图 3-4 为固定输出的典型应用电路，图 3-5 为可调输出的典型应用电路。X1117 和 A1117 是市面上常见的可很好地直接替换 LM1117 的型号。

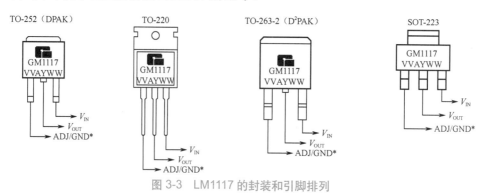

图 3-3　LM1117 的封装和引脚排列

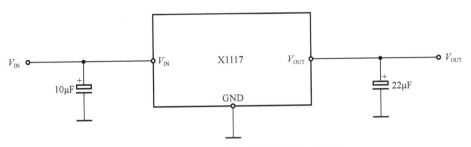

图 3-4　LM1117 固定输出的典型应用电路

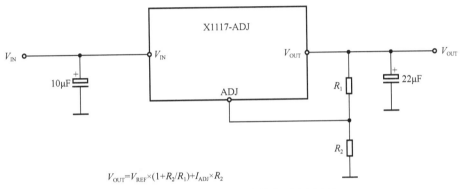

$$V_{\text{OUT}}=V_{\text{REF}}\times(1+R_2/R_1)+I_{\text{ADJ}}\times R_2$$

图 3-5　LM1117 可调输出的典型应用电路

实训项目 3-2：设计 LM1117-XX 系列的稳压电源

用 LM1117-2.5 设计一个 2.5V 的稳压电源，测量负载为 0.2A，输入电压在 3 ～ 6V 变化时，输出电压的变化情况，并填表 3-2。

表 3-2　测量输出电压

输入电压（V）	输出电压（V）
3	
3.5	
4	
5	
6	

3.1.3　AMC7638 系列

AMC7638 是一款低压差稳压集成电路，最高输入电压为 13V，标称输出电流 450mA 时，电压稳定精度为 2%，有 AMC76381、AMC76382、AMC76383 和 AMC76385 等系列，电路简单，只有 3 个引脚，有 SOT-89 和 SOT-223 两种封装形式，如图 3-6 所示。其具体输出电压在后缀上标注，如 76381-33，就是 3.3V 的输出电压，常用的输出电压有 1.5V、2.5V

069

和 3.3V，主要用于微处理器的内核和内存供电。图 3-7 所示的典型应用电路与 LMC78 系列和 LMC1117 系列比较接近。

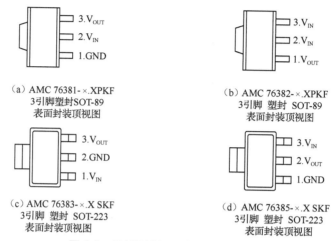

（a）AMC 76381- ×.XPKF
3引脚塑封SOT-89
表面封装顶视图

（b）AMC 76382- ×.XPKF
3引脚 塑封 SOT-89
表面封装顶视图

（c）AMC 76383- ×.X SKF
3引脚 塑封 SOT-223
表面封装顶视图

（d）AMC 76385- ×.X SKF
3引脚 塑封 SOT-223
表面封装顶视图

图 3-6　AMC7638 系列封装及引脚排列

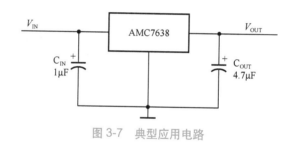

图 3-7　典型应用电路

3.1.4　TL431

TL431 是一个有很好的热稳定性能的三端可调的精密稳压源，其输出电压用两个电阻就可以任意设置到从 2.5V（基准电压）到 36V 的任何值，该器件的典型动态阻抗为 0.2Ω，输出电流为 1.0 ～ 100mA，全温度范围内温度特性平坦，典型值为 50ppm，低输出电压噪声。在很多应用中可用它代替稳压二极管，在安防电子产品中有较广泛的应用。TL431 的封装形式有 TO-92、SOT-89、SOT-23 和双直插式的等，如图 3-8 所示，其电路符号和内部原理如图 3-9 所示。

1. 精密 2.5V 基准电压源

该电路具有良好的温度稳定性及较大的输出电流，如图 3-10 所示。但在连接容性负载时，应特别注意 C_L 的取值，以免发生自激。

R_3 的经验取值为： $\dfrac{V_{in} - V_{out}}{0.1} < R_3 < \dfrac{V_{in} - V_{out}}{I + 0.001}$ 　　　　　　（3-1）

式中，V_{in} 为输入电压，单位为 V；

V_{out} 为输出电压，单位为 V；

I 为输出电流，单位为 A；

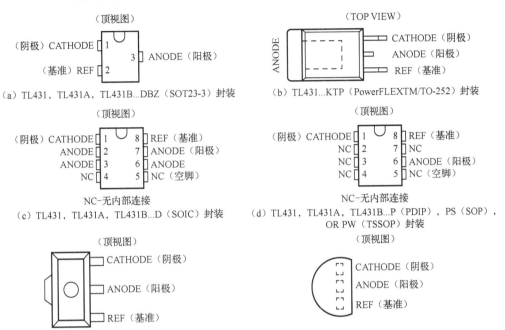

（a）TL431，TL431A，TL431B...DBZ（SOT23-3）封装

（b）TL431...KTP（PowerFLEXTM/TO-252）封装

NC—无内部连接
（c）TL431，TL431A，TL431B...D（SOIC）封装

NC—无内部连接
（d）TL431，TL431A，TL431B...P（PDIP），PS（SOP），OR PW（TSSOP）封装

（e）TL431，TL431A，TL431B...PK（SOT-89）封装

（f）TL431，TL431A，TL431B...LP（TO-92/TO-226）封装

图 3-8 TL431 的封装及引脚排列

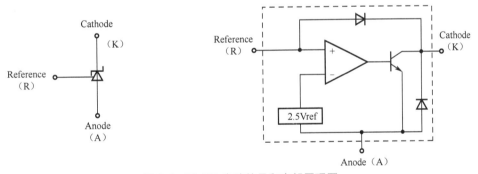

图 3-9 TL431 电路符号和内部原理图

2．可调稳压电源

该电路 V_o 可在 2.5～36V 调节，输出电压满足：$V_o = V_{ref}(1 + R_1/R_2)$，$V_{ref} = 2.5V$，由于承受电压与（$V_i - V_o$）有关，因此压差很大时，$R$ 的功耗随之增加，使用时可供电流要控制在 100mA 以内。电路原理如图 3-11 所示。R_3 的取值虽与上面不尽相同，但实际工程中也可以应用式（3-1）的结论，影响不大。

TL431 除以上典型应用之外，还可以做恒流源、过流过压保护等，在安防产品中主要应用于部分设备的开关电源里，用来作 2.5V 基准电源，其相当于一个稳压二极管，但其精度要比普通稳压管高很多。具体在第 7 章和第 8 章中相关电路中还将进一步介绍。

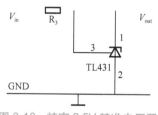

图 3-10　精密 2.5V 基准电压源

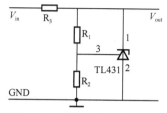

图 3-11　可调稳压电源电路原理

实训项目 3-3：设计 TL431 系列的稳压电源

用 L431L431 设计一个 5V 的稳压电源，测量负载为 0.02A，输入电压在 5 ～ 12V 变化时，输出电压的变化情况，并填表 3-3。

表 3-3　测量输出电压

输入电压（V）	输出电压（V）
5	
6	
8	
10	
12	

3.2　DC-DC 变换芯片

3.2.1　MC34063

MC34063 是一单片双极型线性集成电路，专用于 DC-DC 变换器控制部分。片内包含温度自动补偿功能的基准电压源、比较器、占空比可控的振荡器，R-S 触发器和大电流输出开关电路，能输出 1.5A 的开关电流，它静态电流低并有短路电流限制功能，能通过使用最少的外接元件构成开关式升压变换器、降压式变换器和电源反向器，其工作电压为 3 ～ 40V，芯片封装形式主要有 PDIP8 和 SOP-8 等。主要应用于以微处理器（MPU）或单片机（MCU）为基础的系统中，如入侵报警主机等。

MC34063 的基本结构及引脚图功能如图 3-12 所示。主要引脚功能如下：

脚 1 开关管 Q_1 集电极引出端；脚 2 开关管 Q_1 发射极引出端；脚 3 定时电容 C_T 接线端；调节 C_T 可使工作频率在 100 ～ 100kHz 范围内变化；脚 4 电源地；脚 5 电压比较器反相输入端，同时也是输出电压取样端；使用时应外接两个精度不低于 1% 的精密电阻；脚 6

电源端；脚 7 负载峰值电流（IPK）取样端；当脚 6 脚 7 之间电压超过 300mV 时，芯片将启动内部过流保护功能；脚 8 驱动管 Q_2 集电极引出端。

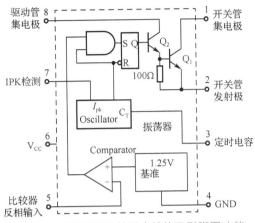

图 3-12　MC34063 的基本结构及引脚图功能

1. 降压电路

MC34063 组成的降压电路原理如图 3-13 所示，工作过程如下。

（1）比较器的反相输入端（脚 5）通过外接分压电阻 R_1、R_2 监视输出电压。其中，输出电压 $V_o = 1.25(1 + R_2/R_1)$ 由公式可知输出电压。仅与 R_1、R_2 数值有关，因 1.25V 为基准电压，恒定不变。若 R_1、R_2 阻值稳定，V_o 也稳定。

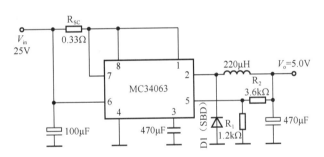

图 3-13　MC34063 组成的降压电路

（2）脚 5 电压与内部基准电压 1.25V 同时送入内部比较器进行电压比较。当脚 5 的电压值低于内部基准电压（1.25V）时，比较器输出为跳变电压，开启 R-S 触发器的 S 脚控制门，R-S 触发器在内部振荡器的驱动下，Q 端为 "1" 状态（高电平），驱动管 Q_2 导通，开关管 Q_1 也导通，使输入电压 V_i 向输出滤波器电容 C_o 充电以提高 U_o，达到自动控制 U_o 稳定的作用。

（3）当脚 5 的电压值高于内部基准电压（1.25V）时，R-S 触发器的 S 脚控制门被封锁，Q 端为 "0" 状态（低电平），Q_2 截止，Q_1 也截止。

（4）振荡的 I_{pk} 输入（脚 7）用于监视开关管 Q_1 的峰值电流，以控制振荡器的脉冲输出到 R-S 触发器的 Q 端。

（5）脚③外接振荡器所需要的定时电容 C。电容值的大小决定振荡器频率的高低，也决定开关管 Q_1 的通断时间。

2．升压电路

MC34063 组成的升压电路原理如图 3-14 所示，当芯片内开关管 Q_1 导通时，电源经取样电阻 Rsc、电感 L_1、MC34063 的 1 脚和 2 脚接地，此时电感 L_1 开始存储能量，而由 C_o 对负载提供能量。当 Q_1 断开时，电源和电感同时给负载和电容 C_o 提供能量。电感在释放能量期间，由于其两端的电动势极性与电源极性相同，相当于两个电源串联，因而负载上得到的电压高于电源电压。开关管导通与关断的频率称为芯片的工作频率。只要此频率相对负载的时间常数足够高，负载上便可获得连续的直流电压。

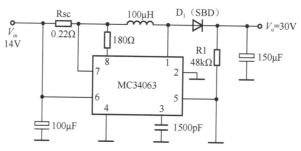

图 3-14　MC34063 组成的升压电路

3.2.2　MP1482

MP1482 是一款内置两颗 130mΩ 的 MOSFET 管的同步整流降压 DC-DC。其输入电压从 4.75V 到 18V，输出电压可以从 0.923V 到 15V，供应高达 2A 的负载电流，最高效率达 93%。具备软启动（阻止突入电流开启）、逐周过流保护、短路保护和过热保护等功能，并在停机模式电源电流降到 1μA，以降低系统能耗。MP1482 采用 8 脚 SOIC 封装，如图 3-15 所示。

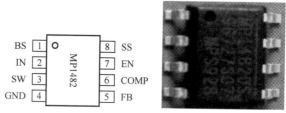

图 3-15　MP1482 引脚功能及封装

输出电压可以根据式 $V_o=0.92V×(1+R_1/R_2)$ 计算，要求反馈电阻精度高，从式中可以看出最低输出电压可以低到 0.92V，故适合给 CPU 或 MCU 提供 1V 或 1.2V 的核心电压。

图 3-16 所示为 MP1482 典型电路原理图。在第 8 章所涉及的硬盘录像机主板中就有多个地方采用 MP1482 用于将 12VDC 电源变换成 1.3VDC 和 3.3VDC 电源。

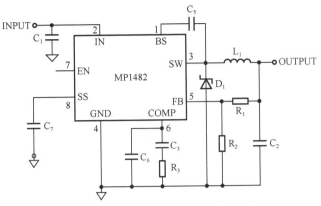

图 3-16 为 MP1482 典型电路原理图

3.2.3 TPS40210

TPS40210 是宽输入电压（4.5～52V）异步 DC/DC 控制器，可通过源极接地的 N 沟道 MOSFET 实现多种设计配置，其中包括升压、反向与 SEPIC 拓扑。其特点包括可编程软启动，过流保护，自动重启和可编程振荡器频率，TPS40210 内具有改善的瞬态响应和简化环路补偿的电流模式控制模式。TPS40210 采用 10 引脚的 MSOP PowerPAD 和 10 引脚的 SON 封装，如图 3-17 所示。

图 3-17 TPS40210 实物图

图 3-18 所示为其内部结构框图，图 3-19 所示为典型应用电路。这个芯片在 4.2.1 高速球的拆解与认识中有应用。

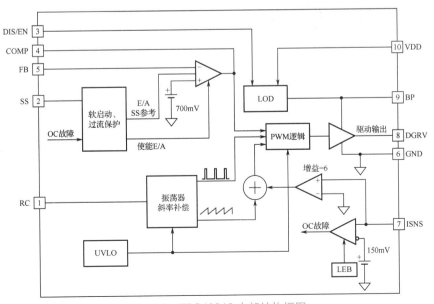

图 3-18 TPS40210 内部结构框图

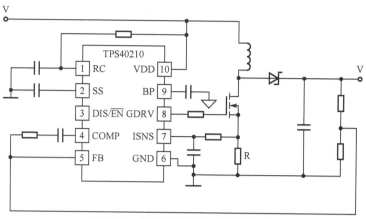

图 3-19　TPS40210 典型应用电路

3.2.4　TPS23753A

TPS23753A 是一款具有增强 ESD 穿越功能的 IEEE 802.3-2005 PoE 接口和隔离式 DC/DC 转换控制器，TPS23753A 支持多输入电压工作，如外部适配器输入电压和 PoE 输入电压。在网络摄像机中获得较广泛的应用。TPS23753 A 采用 14 引脚的 PW（TS-SOP-14）封装，如图 3-20 所示。

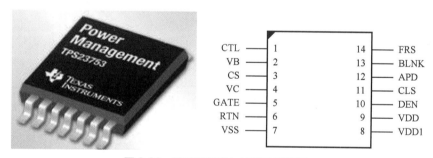

图 3-20　TPS23753A 封装及引脚图

图 3-21 所示为其内部结构框图，图 3-22 所示为典型应用电路。这个芯片在 6.2.3 主板原理及典型故障维修中有应用。

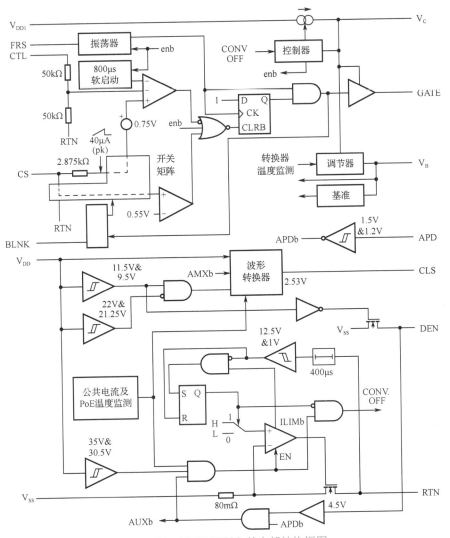

图 3-21   TPS23753A 其内部结构框图

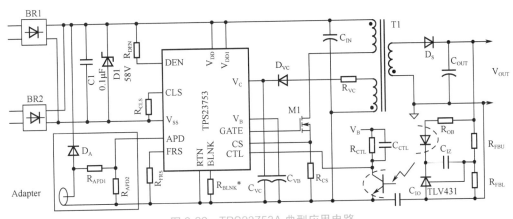

图 3-22   TPS23753A 典型应用电路

3.2.5　TPS54218

TPS54218 是一款输入电压 2.95 ～ 6V，输出电流达到 2A 的同步降压 DC/DC 变换器，内置两个 MOS 场效应管，通过使开关工作频率达到 2MHz，可以使滤波用的电感和电容都变小，这样可以使外围电路的体积缩小，设计得到简化。TPS54218 可为各种负载设备提供一个精度为 ±1% 的可以调节的基准电压（常温状态下）。TPS54218 采用 16 引脚 QFN 封装，尺寸约为 3mm×3mm，如图 3-23 所示。

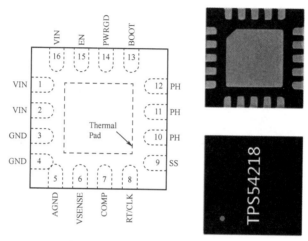

图 3-23　TPS54218 封装及引脚图

图 3-24 所示为其内部结构框图，图 3-25 所示为典型应用电路。此芯片在网络摄像机的主板电路中有应用。

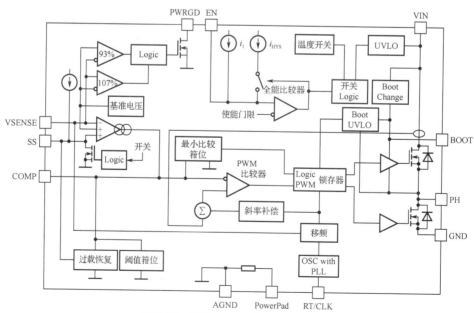

图 3-24　TPS54218 其内部结构框图

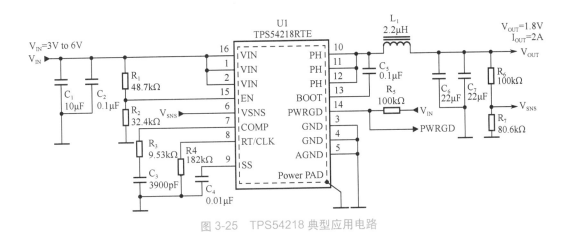

图 3-25　TPS54218 典型应用电路

3.3　作业与思考题

1．AN7805 的输出电压为＿＿，最大输出电流为＿＿，脚 1 是＿＿，脚 2 是＿＿，脚 3 是＿＿＿。

2．LM79L09 的输出电压为＿＿，最大输出电流为＿＿，脚 1 是＿＿，脚 2 是＿＿，脚 3 是＿＿＿。

3．X1117-1.8 输出电压为＿＿，最大输出电流为＿＿，脚 1 是＿＿，脚 2 是＿＿，脚 3 是＿＿＿。

4．LM1117 输出电压的范围为＿＿，最大输出电流为＿＿，脚 1 是＿＿，脚 2 是＿＿，脚 3 是＿＿＿。

5．AMC76381-25 输出电压为＿＿，最大输出电流为＿＿＿。

6．TL431R 端到 A 端的电压为＿＿＿。

7．MC34063 通过使用较少的外接元件构成开关式＿＿变换器、＿＿＿式变换器和电源反向器，可以输出最大电流为＿＿＿。

8．MP1482 输入电压定从＿＿V 到＿＿V，输出电压可以从＿＿V 到 15V，供应高达＿＿的负载电流，最高效率达＿＿＿。

9．TPS40210 是宽输入电压非同步＿＿＿压控制器。

10．TPS23753A 是一款具有增强 ESD 穿越功能的 IEEE 802.3-2005＿＿＿接口和隔离式 DC/DC 转换控制器。

11．TPS23753A 的输入电压范围是＿＿＿。

12．TPS54218 的输入电压范围是＿＿，最大输出电流是＿＿＿。

第4章 云台、高速球简单故障的维修

概述

云台和高速球是整个视频安防监控系统中的重要部件，因此了解和熟悉它们的基本结构，处理它们的简单故障对一个安全防范安装维护工程师来说也是延伸技能之一，通过对 301Q 全向云台和大华 SD4150H 小型高速球的实体拆解和回装，使学生了解和掌握 301Q 云台和大华 SD4150H 小型高速球的拆解和组装技能，具备简单故障的处理能力。

学习目标

1. 了解云台和高速球的基本结构和掌握拆解技能；
2. 掌握云台和高速球的回装技能；
3. 熟悉云台和高速球的内部电源电路故障的处理方法；
4. 熟悉云台限位开关和高速球可旋转轴排线更换及塑料排线故障处理的基本技能。

4.1　云台拆解与维修

4.1.1　云台的拆解与认识

云台的作用是承载摄像机，使其可在水平及垂直方向旋转，以适应摄取不同方位和角度监视对象的机电设备，摄像机配上云台，实际上是提高了摄像机的空间可监视范围。云台按使用环境分为室内型和室外型；按安装方式分为侧装和吊装；按外形分为普通型和球型。此外还有水平云台和全向云台之分。这里以 301Q 的全向带解码器云台为例，介绍云台的拆解，认识其结构。

（1）松开云台输入、输出及控制导线的塑料紧固装置，如图 4-1 所示。

（2）拧下云台支架两侧装饰铭牌的固定螺钉，如图 4-2 所示，两侧铭牌各用 2 枚 M3×8 的螺钉固定。

图 4-1　松开云台塑料紧固装置

图 4-2　拧下云台支架两侧装饰铭牌的固定螺钉

（3）松开支架与云台的连接螺钉，一边是用 3 枚 M4×30 的内六角螺钉固定，如图 4-3 所示。另一边是用 3 枚 M4×10 的沉头螺钉固定，如图 4-4 所示。

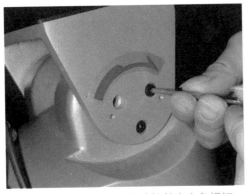
图 4-3　松开支架与云台连接的内六角螺钉

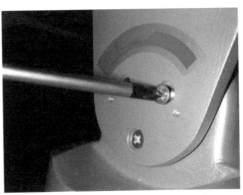
图 4-4　松开支架与云台连接的沉头螺钉

（4）取出通过内六角螺钉固定在转动齿轮上的转动金属带动圆柱块，如图4-5所示。取出通过沉头螺钉固定的转动限位塑料半圆柱块，如图4-6所示。

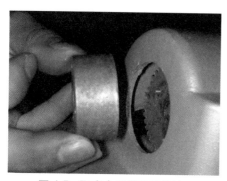

图4-5　取出金属带动圆柱块　　　　　　　图4-6　取出限位塑料半圆柱块

（5）松开主体圆柱外壳边缘的2枚3×8的自攻沉头螺钉，如图4-7所示，将外壳整个取下，如图4-8所示。在取下外壳时注意首先在外壳边做上记号，以保证下次安装相对位置不变，以提高效率。

图4-7　松开主体圆柱外壳边缘的自攻沉头螺钉　　　图4-8　将外壳整个取下

（6）观察云台内部上半部分的结构，图4-9显示负责垂直方向转动的24V交流同步电动机及涡轮和蜗杆；图4-10显示负责水平方向转动的24V交流同步电动机；图4-11为负责控制垂直和水平转动电动机的控制电路板；图4-12为负责解码和控制镜头焦距、光圈及聚焦的电路板。

图4-9　垂直转动的电动机及涡轮和蜗杆　　　图4-10　水平方向转动的交流同步电动机

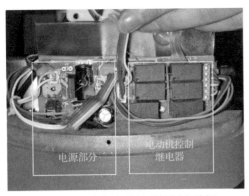
图 4-11　垂直和水平转动控制电路板

图 4-12　解码和镜头控制电路板

（7）松开 4 枚 M5×12 底部固定沉头螺钉，如图 4-13 所示。打开底部盖板可以看到云台的视频输出和 RS-485 总线输入接线端子，如图 4-14 所示。在打开底部盖板前注意应首先确定已经做好了相对位置的记号。

图 4-13　松开底部固定螺钉

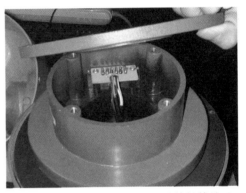
图 4-14　视频输出和 RS-485 总线接线端子

（8）松开底座与云台主体固定的 3 枚 M5×12 螺钉，如图 4-15 所示。取下底座，松开云台主体盖板 3 枚 M3×10 黑色自攻螺钉，盖板上有协议、地址码和波特率设置开关，如图 4-16 所示，掀开盖板可以看到里面机械传动部分的构造——水平和垂直驱动齿轮组，如图 4-17 所示。图 4-18 显示了水平转动行程定位装置。

图 4-15　松开底座与云台主体固定螺钉

图 4-16　松开云台主体盖螺钉

083

图 4-17　云台械传动部分

图 4-18　水平转动行程定位装置

4.1.2　云台的回装

（1）将底座与云台主体用 3 枚 M3×10 自攻螺钉连接固定，固定前需要注意水平转动定位开关与定位块之间的位置关系，可以参阅图 4-18。

（2）将底板与底座用 3 枚 M5×12 螺钉固定，固定前注意是否与原来做的记号相吻合。

（3）将转动限位塑料半圆柱块放入恰当的位置，注意与限位轻触开关的位置关系；将金属带动圆柱块放入原来的位置。

（4）用 3 枚 M4×30 内六角螺钉将支架与云台垂直转动齿轮固定，固定这个需要有一定的技巧和耐心，首先试着将一枚 M4×30 的内六角螺钉插入，并努力寻找齿轮上的螺孔，找到后适当旋入几圈，不必旋紧，当一枚旋入后，再按同样方法寻找齿轮上的第二个螺孔，找到后同样适当旋入几圈，不必旋紧，以便第三枚螺钉旋入，如图 4-19 所示，当三枚螺钉全部旋入后，再用 3 枚 M4×10 沉头螺钉将限位塑料半圆柱块与支架连接，并逐个旋个半紧，然后再将对面 3 枚内六角螺钉逐个旋紧固定，最后再将 3 枚沉头螺钉旋紧。

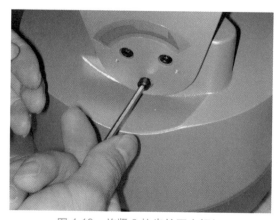

图 4-19　旋紧 3 枚齿轮固定螺钉

（5）将左右两边的装饰铭牌装上。

（6）将云台输入、输出及控制导线的塑料紧固装置拧紧。

实训项目 4-1：云台拆卸与回装

请按照活动一、二的步骤和方法进行云台的拆卸与回装并填写表 4-1。

表 4–1 301 云台拆卸步骤

拆卸步骤	拧下螺钉数目	螺钉特点	控制垂直和水平转动电路板主要元件	解码和镜头控制电路板主要元件
1				
2				
3				

实训项目 4-2：云台上关键器件的认识

在云台拆卸过程中找到水平、垂直同步电动机，以及其控制电路板，结合图 4-20 找到电源板，测量 7812、7805 输出端的电压。找到解码板、云镜驱动集成电路 TDA2822 的电源输入端子，测量其输入电压。测量云镜驱动输出端子的电压参数。最后填写表 4-2。

表 4–2 301 云台内部电压的测量

7812 输出端电压（V）	7805 输出端电压（V）	TDA2822 电源输入端电压（V）	TDA2822 输出端电压（V）			
			1	3	1	3

4.1.3 云台电路框图的分析与维修

1. 电路框图介绍及原理分析

图 4-20 为 301Q 云台的电路框图，此云台为带解码器的云台。整个云台的电路由两块线路板构成，第一块板负责完成直流电源的转换和水平、垂直电动机的驱动，第二块板负责 RS-485 总线信号变换、协议、地址和波特率的选择及三可变镜头的驱动。第一块板由整流滤波电路将 24V 交流电转换为 29V 左右的直流，经 7812 产生 12V 直流电源，再经过 7805 产生一个 5V 直流电源，12V 电源为继电器驱动电路 ULN2003、镜头驱动电路 TDA2822 提供电源（其实 TDA2822 是一个双声道 2W 音频放大集成块，这里巧妙地用于镜头驱动），5V 提供单片机及 RS-485 总线差分变换器 6LBC184 的电源。

本机的简单工作原理为：RS-485 总线信号经过差分变换器 6LBC184 的变换，将 RS-485 信号转换为单片机可接收的 TTL 信号，经过单片机处理后如发现与拨码盘设置的地址、协议波特率一致时，单片机将产生相应的动作给 ULN2003 和 TDA2822，让它们驱

动水平、垂直电动机及三可变镜头电动机产生相应的动作。

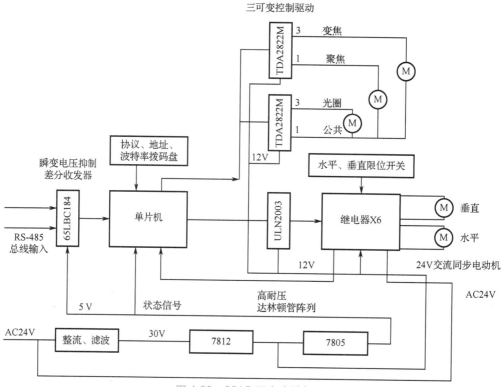

图 4-20　301Q 云台电路框图

1）6LBC184

65LB184（标记为 6LBC184）是 TI 公司生产的一种具有瞬变电压抑制功能的差分收发集成电路，依据 IEC61000-4-2 标准，能经受 30kV 的接触放电及 15kV 的空气放电，典型工作电压为 5V，其引脚如图 4-21（a）所示，其内部逻辑功能如图 4-21（b）所示。

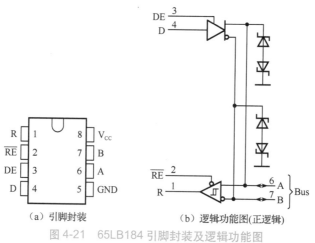

图 4-21　65LB184 引脚封装及逻辑功能图

2）TDA2822

TDA2822 是意法半导体（ST）开发的双通道单片功率放大集成电路，采用双列直插 8 塑料封装，通常在多媒体有源音箱中作音频放大器。具有电路简单、静态电流小，工作电压范围宽（1.8～15V）等特点，可工作于立体声及桥式放大的电路形式下。图 4-22 是其功能引脚图，图 4-23 是其桥式放大典型电路连接图，上面三可变镜头的驱动方式与此类似。

3）ULN2003

ULN2003 是高耐压、大电流达林顿阵列，由 7 个硅 NPN 达林顿管组成，ULN2003 的每一对达林顿都串联一个 2.7kΩ 的基极电阻，在 5V 的工作电压下它能与 TTL 和 CMOS 电路直

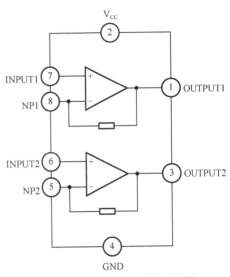

图 4-22　TDA2822 功能引脚图

接相连,可以直接处理原先需要标准逻辑缓冲器来处理的数据。多用于单片机、智能仪表、PLC、数字量输出卡等控制电路中。ULN2003 灌电流可达 500mA,并且能够在关态时承受 50V 的电压,输出还可以在高负载电流并行运行,可直接驱动继电器等负载。通常采用 DIP16 或 SOP16 塑料封装。由于 ULN2003 是集电极开路输出,为了让这个二极管起到续流作用,必须将 COM 引脚（9）接在负载的供电电源上,只有这样才能够形成续流回路,才能起到保护自身免遭负载线圈自感电动势的破坏,如图 4-24 所示。

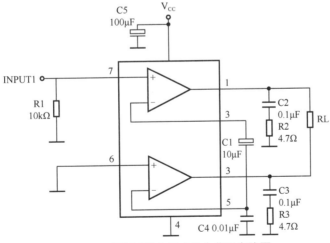

图 4-23　TDA2822 桥式放大典型电路图

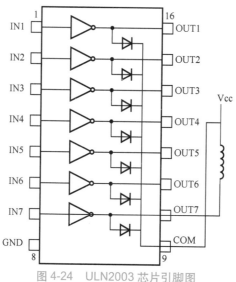

图 4-24　ULN2003 芯片引脚图

2．故障维修指南

（1）全机无电。

➤ 检查 24V 交流电源是否正常；

➤ 检查桥堆。

（2）云台不受控（首先排除总线故障的可能）。

➤ 检查解码控制板上 12V 直流电源是否正常；

➤ 检查解码控制板上 5V 直流电源是否正常；

➤ 考虑更换 6LBC184；

➤ 考虑更换单片机（需要先下载相关程序，否则无法工作）。

（3）水平（垂直）电动机不动。

➤ 检查水平（垂直）24V 交流同步电动机好坏；

➤ 检查相关继电器；

➤ 检查驱动电路 ULN2003 相关引脚电压是否正常。

（4）三可变镜头不动（首先排除三可变镜头故障的可能）。

➤ 检查 TDA2822 引脚 2 电源电压是否正常；

➤ 检查 TDA2822 输出引脚 1、3 电压是否为电源的 1/2（无控制信号输入状态下）；

➤ 考虑更换 TDA2822。

（5）水平（垂直）电动机到位不停。

➤ 检查到位行程开关好坏；

➤ 检查到位行程开关引线插座的接触性能。

4.1.4　其他类似云台故障维修

云台故障主要包括无法控制、部分功能无法实现、解码器无法连接等问题，此外，对于有码转换器的云台，还可能出现码转换指示灯不亮的问题。

1. 无法连接解码器，解码器中无继电器响声

（1）首先检查解码器是否供电正常；

（2）检查码转换器总线类型是否设置正确；

（3）检查解器协议是否设置正确；

（4）检查波特率设置是否与解码器符合；

（5）检查地址码设置与所选的摄像机是否一致（详细的地址码拨码表见解码器说明书）；

（6）检查解码器与码转换器的接线是否接错（1-485A，2-B；有的解码器是 1-485B，2-A）；

（7）检查解码器工作是否正常 [老解码器断电一分钟后通电，是否有自检声；软件控制云台时，解码器的 UP，DOWN，AUTO 等端口与 PTCOM 口之间会有电压变化，变化情况根据解码器而定（24V 或 220V），有些解码器的这些端口会有开关量信号变化]，如有则解码器工作正常，否则为解码器故障；

（8）检查解码器的熔断器是否已烧坏。

2. 无法控制云台

（1）检查解码器与码转换器的接线是否正常；

（2）解码器的 24V 或 220V 供电端口电压是否输出正常；

（3）直接给云台的 UP、DOWN、与 PTCOM 线进行供电，检查云台是否能正常工作；

（4）检查供电接口是否接错；

（5）检查电路是否接错（老解码器为 UP、DOWN 等线与 PTCOM 直接给云台供电，各线与摄像机及云台各线直接连接就可以；有的解码器为独立供电接口。

3. 云台控制的部分功能无法使用

（1）界面上无法操作（无法单击或单击无任何响应）。

➤ 按上述步骤（7）检查码转器；

➤ 安装相应的云台控制补丁程序。

（2）单击时码转灯亮或解码器里面有继电器响，但部分功能无法控制。

检察无法控制的功能部分接线是否正确，云台、镜头等设备是否完好，解码器功能端口电压是否正常，开关量输出是否正常。

（3）控制时云台动作不正常。

如出现转动无法停止的情况，首先单独对该端口进行测试（直接向该端口通电，进行控制），如正常，则检查解码器对应的端口工作是否正常。

4. 码转灯不闪

软件设置（灯不闪主要是码转换器未进行工作，先从软件设置着手解决这个问题）。

（1）软件中的解码器设置（解码器协议、COM 口、波特率、校验位、数据位、停止位）；

（2）更换一个 COM 口（检查 COM 口是否损坏）；

（3）硬件，如进行上述设置后，还是无法正常使用，打开 9 针转 25 针转换器接口。检查接线是否为 2-2，3-3，4-7，如果正确，检查码转换器电源是否正常 [可用万用表进行电压和电流测试（9V，500mA）]，没有问题则可判定码转换器已经损坏。

4.2 高速球拆装与维修

4.2.1 高速球的拆解与认识

高速球的拆解与认识

高速球从结构上来说有许多种，这里以大华 SD4150H 小型高速球为例，介绍高速球的拆解，认识其结构。

（1）将高速球的塑料外壳逆时针方向旋出，如图 4-25 所示。

（2）两手向内侧挤压主体上的两个卡扣，将主体与底座分离，如图 4-26 所示。

（3）拧开 4 枚 M3×4 黑色沉头螺钉，将水平可转动部分的黑色塑料保护罩取下，如图 4-27 所示。

（4）将塑料 9 芯排线的一端从一体化摄像机模块上取出，如图 4-28 所示，取下前，先应将摄像机上排线座的外侧带耳状突起的部分向外拉，使排线与插座之间的连接松脱，再将排线取出，若直接强行拉下，则可能造成排线被拉伤。

（5）将塑料 9 芯排线的另一端从线路板上取出，如图 4-29 所示，取下前，先应将线路板上排线座的外侧黑色带耳状突起的部分向外拉，使排线与插座之间的连接松脱，再将排线取出，若直接强行拉下，则可能造成排线被拉伤。

（6）拧开 4 枚 M2×6 带垫片螺钉，如图 4-30 所示，可将一体化摄像机模块取出，该模块在损坏时只能用同型号的更换，因为所有接口与市售普通摄像机均不能兼容。

图 4-25 将塑料外壳旋出

图 4-26 挤压卡扣将主体与底座分离

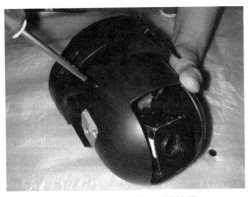

图 4-27　拧开螺钉取下保护罩

图 4-28　将排线从摄像机模块上取出

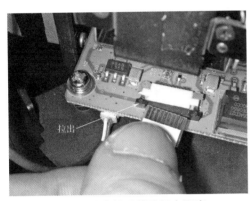

图 4-29　将排线从线路板上取出

图 4-30　拧开螺钉取出一体化摄像机模块

（7）拧开辅线路板上 2 枚 M3×8 带垫片螺钉，如图 4-31 所示，分别拔下一个 4 芯垂直步进电动机的驱动排插，一个 2 芯的限位开关控制排插，一个 12 芯从主线路板过来的可旋转轴排插，如图 4-32 所示。图 4-33 为取下的辅线路板的正面，图 4-34 为辅线路板的反面，这块线路板负责垂直电动机的驱动，一体化摄像机电源、光圈、变焦、聚焦控制信号及视频信号的中转，其中驱动模块为 L6219DS，焊接在反面，正面有一个 7805 的模块在检测时可重点测量其输出电压是否为 5V。

图 4-31　拧开辅线路板螺钉

图 4-32　拔下与辅线路板连接的排线

图 4-33　辅线路板正面

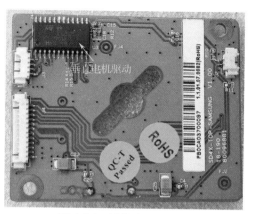

图 4-34　辅线路板反面

（8）拧开 3 枚 M2×3 可旋转轴排线固定的沉头螺钉，如图 4-35 所示，将 12 芯可旋转轴排线取出。图 4-36 为 12 芯可旋转轴排线，这个部件由于是靠机械连接来传送信号的，而且要求不停地旋转，同时还要传输信号和电动机的驱动电流，因此是整个高速球中比较容易出故障的部件，故障原因主要是接触不良。

图 4-35　拧开可旋转轴排线固定螺钉

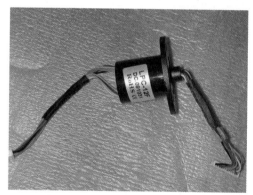

图 4-36　12 芯可旋转轴排线

（9）拧开主线路板 4 枚 M3×8 带垫片螺钉，如图 4-37 所示，分别拔下一个 4 芯水平步进电动机的驱动排插和一个 12 芯从辅线路板过来的可旋转轴排插，如图 4-38 所示，图 4-39 为取下的主线路板的正面，图 4-40 为主线路板的反面，这块线路板负责电源输入和变换、RS-485 总线输入、地址、协议、波特率设置、水平电动机的驱动、报警输入、报警输出处理等，这个板上经 AC-DC-DC 变换输出的 DC12.5V 和 5V 电压是测量的关键点，此外该板上还有一个光电耦合传感器用于水平转动定位，在安装时要引起注意。图 4-41 为高速球解剖后的主要部件集合。图 4-42 显示的是另一版本 9 芯排线安装方向。

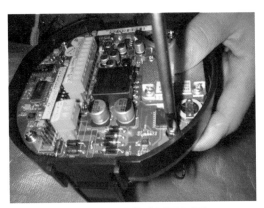

图 4-37　拧开主线路板固定螺钉

图 4-38　拔下主线路板上的排线插

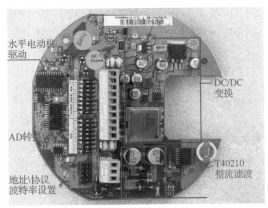

水平电动机
驱动

DC/DC
变换

AD转换

T40210
整流滤波

地址\协议
波特率设置

图 4-39　主线路板正面

中心
处理

图 4-40　主线路板反面

图 4-41　高速球主要部件集合

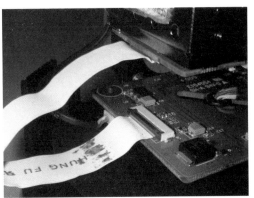

图 4-42　另一版本 9 芯排线安装方向

4.2.2　高速球的回装

（1）分别插上 4 芯水平步进电动机的驱动排插和 12 芯从辅线路板过来的可旋转轴排插，插入时要注意插座的方向，不要插反，不要用力硬插，防止损坏主线路板上插座上的插针。把主线路板的缺口与步进电动机对准，注意线路板的正面朝外，光电传感器要小心地放入基座盒的开口处，位置不准时不能用力硬压，待线路板完全放好后用 4 枚 M3×8 带垫片螺钉将主线路板与基座固定，螺钉要分别上紧。

（2）将 12 芯可旋转轴排线放入中间圆孔中，拧紧 3 枚 M2×3 沉头螺钉将可旋转轴排线与高速球可旋转部分固定。

（3）把 12 芯可旋转轴排插从辅线路板上穿过，注意线路板的正反面，分别插上 4 芯垂直步进电动机的驱动排插，2 芯的限位开关控制排插和 12 芯从主线路板过来的可旋转轴排插，插排线的时候应该注意插座与排线的方向，如果插反了，并且用力过猛，则很可能将插座里的插针弄弯甚至弄断，接着将辅线路板的固定孔与旋转底座上的螺孔对准，拧上 2 枚 M3×8 带垫片螺钉，注意其中一枚应该穿过 12 芯可旋转轴排线上的线束塑料压扣上的固定孔。

（4）把一体化摄像机模块有插座面朝上，将摄像机模块的固定孔与座上螺孔对准，依次拧上 4 枚 M2×6 带垫片螺钉，垂直转动摄像机看看转动是否流畅，看其转动是否会被 12 芯可旋转轴排线挡住，如有挡住，应适当挤压那根排线，直到转动流畅为止，否则会出现垂直转动不畅，时间长了甚至可能烧毁驱动集成块或步进电动机。

（5）将塑料 9 芯排线的一端插入一体化摄像机模块的插座里，插前应保持外侧带耳状突起的部分处于松弛状态，否则可能插坏排线，插好后将插座外侧带耳状突起的部分向里推紧，插入时注意要将蓝色加强板面朝上。

（6）将塑料 9 芯排线的另一端插入线路板上的插座中，插前应保持外侧黑色带耳状突起的部分处于松弛状态，否则可能插坏排线，插好后将插座外侧带耳状突起的部分向里推紧，插入时注意将蓝色加强板面朝下，这类摄像机还有一个版本，它的排线安装方式如图 4-42 所示。

（7）将水平可转动部分的黑色塑料保护罩盖上，注意其开口位置与摄像机镜头的对应关系，拧上 4 枚 M3×4 黑色沉头螺钉，将其固定。

（8）让主体上红底白色箭头与底座上红底白色箭头对准，将主体推入底座，听到"哒、哒"两声说明安装正确。

（9）将高速球的塑料外壳顺时针方向旋入，旋入时注意螺纹要对准，否则可能造成螺纹滑牙，具体技巧是，旋入时线逆时针旋转半周，当听到"咯"的一声，说明螺纹对准，可以继续旋入。

（10）最后通电试验，正常的高速球通电后指示灯应该亮，并且水平自转两圈（经过光电检测口），垂直转到行程开关处，再回转约 45°。

实训项目 4-3：高速球拆卸与回装

请按照活动一、二的步骤和方法进行高速球的拆卸与回装并填写表 4-3。

表 4-3 高速球拆卸步骤

拆卸步骤	拧下螺钉数目	螺钉规格	完成内容
1			
2			
3			

观察：

找到高速球上的光电传感器，通电以后观察自检过程中水平旋转位置与光电传感器的关系，观察垂直位置与轻触开关位置的对应关系，用纸片遮挡光电传感器看看自检后摄像机停下来的水平位置，用螺丝刀提前按下垂直到位开关，看看自检后摄像机停下来的垂直位置。

实训项目 4-4：高速球上关键电压的测量

在云高速球卸过程中结合图 4-39，测量主电源滤波电容 C33 两端输出的实际电压，测量 7805、17-33 集成电路输出端输出的电压。并填写表 4-4。

表 4-4 高速球内部电压的测量

C33 两端电压（V）	7805 输出的电压（V）	17-33 输出的电压（V）

4.2.3 功能框图分析与故障维修

1. 电源单元

图 4-43 所示为 SD4150H 高速球主电源电路的结构简图，这是一个 AC 转 DC，再 DC 转 DC 的电源，输入电压为 AC24V 或 DC12V，经整流滤波后再通过 DC-DC 变换集成电路 TPS40210 输出一组为 12.5V，另一组为 8V 的直流电源，其中 8V 经过 7805 输出 5V 的电压，再经过 17-33 输出 3.3V 的电压，12.5V 为电动机驱动和摄像机模块提供电源，5V 和 3.3V 为单片机等提供电源。在实际应用中当整机采用直流供电并且直流电压下降到 7V 时，经变换后输出的 12.5V 和 5V 几乎没有变化，说明该高速球对电压的要求十分宽泛。

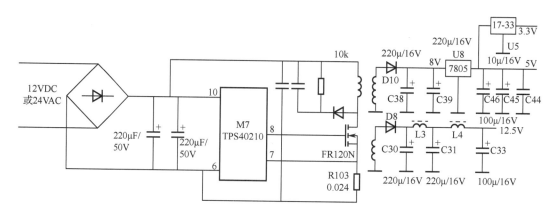

图 4-43　大华 SD4150H 高速球主电源电路简图（实物测绘）

　　电路中 DC/DC 变换集成块 TPS40210 和场效应管 FR120N 是关键器件，其中 FR120N 是相对容易损坏的器件。图 4-44 为 TPS40210 内部框图，1 脚为 RC 积分输入端，外接阻容元件，用来补偿误差放大器的频率特性，2 脚为软启动端，3 脚为使能选择端，4 脚为误差放大输出端，5 脚为误差放大反相输入端，6 脚接地端，7 脚过流取样输入端，8 脚输出至 N 沟道 MOS 管栅极，9 脚输出调节端，10 脚电源端。检修时可根据以上引脚功能进行一些相应的测量。

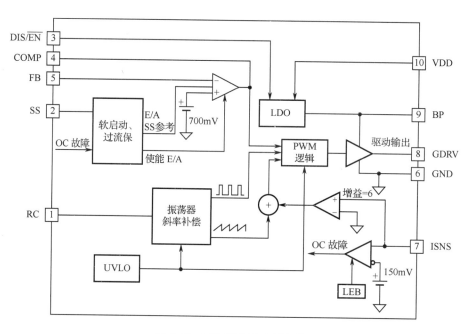

图 4-44　TPS40210 内部框图

　　开关变压器次级滤波的电解电容也是比较容易失效的器件，主要是因为电路处于开关状态，电解电容在滤波时会产生一定的热量，这个热量会使电解电容的电解液蒸发从而造成电解电容容量下降甚至完全失效。

　　电源单元的故障维修重点为测量电源输入端的电压，测量整流滤波以后的电压及经DC-DC 变换后的电压，看是否与图上标注的相近，如差距较大，则应检查相应电路和元件，电源输出端的滤波情况（电源纹波大小）对电路的正常工作影响也较大。

　　2．电动机驱动电路

　　L6219D 为驱动双极步进电动机绕组或同时驱动两个直流电动机的脉冲宽度调制（PWM）集成电路。图 4-45 为电动机驱动电路 L6219DS 的典型应用图，1 和 24 脚驱动步进电动机的一个绕组，2 和 5 脚为驱动步进电动机另一个绕组，6、7、18、19 脚接地，13 脚接 5V 电源，16、17、20 脚和 8、9、10 脚分别接微处理器，24 脚接电动机驱动电源。12、14 脚接 RC 积分电路。11、15 脚为基准电源。

　　3．故障维修指南

　　1）通电后不自检

　　（1）检查 24V 交流或 12 ～ 28V 直流电压是否正常；

　　（2）检查桥式整流器件输出端电容两端电压是否正常；

　　（3）检查 C31 和 C33 两端电压是否都为 12.5V；

　　（4）检查 7805 集成块输出端的电压是否为 5V；

　　（5）检查 17-33 集成块输出端的电压是否为 3.3V；

　　（6）微处理器可能损坏。

　　2）水平电动机自检不停

　　重点检查光电位置检测器。

　　3）水平（垂直）电动机不旋转

　　（1）检测水平（垂直）步进电动机及接插件；

　　（2）检查水平（垂直）电动机驱动模块 L6219D。

　　4）自检通过但 RS-485 总线无法通信

　　（1）检测瞬态吸收器件是否短路；

　　（2）检测 RS-485 总线电平转换集成块，有条件时可更换试试。

　　5）自检通过，无图像输出

　　（1）检查供给摄像机的电源是否有，且为 12V 左右；

　　（2）检查一体化摄像机是否正常，有条件时可更换试试；

　　（3）检查视频连接头或接线柱与线路板铜箔之间是否有开路；

　　（4）检查视频输出连线部分的铜箔是否开路、短路。

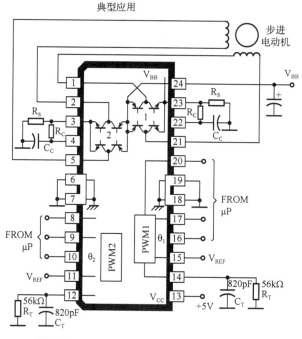

图 4-45 L6219D 双极步进电动机驱动电路

4.3 网络球机认识与简单故障分析

4.3.1 网络球机概述

基于以太网技术的快速发展，网络球机的应用越来越普及，产品的种类越来越多，软硬件技术也越来越先进和完善。这以大华 DH-SD6652-HN 网络高速球机为例来剖析该产品的硬件组成并简单地画出结构框图，如图 4-46 所示。

通过网络球机和普通的高速球机相互对比，它们有硬件和软件的区别，但如果就从外观上看基本没有多大的差别，图 4-47 为拆卸后的 DH-SD6652-HN 网络高速球机的主要配件。在硬件上，普通的高速球机再添加上能够处理网络信号并控制收发网络信号的组件和相应软件就能实现网络球机的功能。另外从软件编写和开发深度来看网络球机比普通的高速球要复杂得多，功能强大得多。一是网络球机都需要有一个软件配置操作界面和客户终端软件平台才能很好运行，而普通高速球机通过 DVR 连接设置就能正常运行；二是基于以太网通信 TCP/IP 协议的软件都比较成熟和普及，终端的可选性比较多，如个人计算机、Pda、智能手机等产品都能胜任。

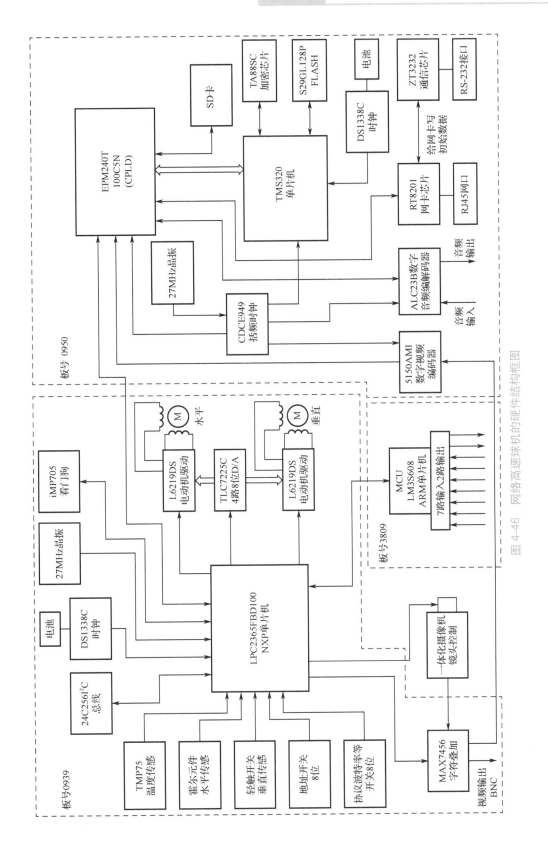

图 4-46 网络高速球机的硬件结构框图

大华 DH-SD6652-HN 网络高速球机的拆装可以参考大华 SD4150H 小型高速球拆装的内容，在此不再赘述。还有大华这两款球机都不带红外灯光线补偿的，所以就不再阐述红外灯驱动的恒流电路了。

图 4-47　大华 DH-SD6652-HN 网络球机主要配件

4.3.2　电源及接口板分析和维修指南

电源及接口板实物如图 4-48 所示，这一部分的电路和普通球机差不多，最主要的是多了网络通信 RJ45 口上的区别。从左边的排插座由上至下排列的为 J9，它为模拟视频输出、音频输入/输出、RS 485 总线，J1 为 AC24V 电源，J2 为机壳辅助加热。右边的排插座从上至下 J12 为报警控制量的输入和输出端子，中间 J10 为网络通信 RJ45 口。图 4-49 为网络球机电源及输入/输出端接口板原理框图，维修时可以参考该图。

（1）模拟视频信号从 J3 插座的 1 针脚引出，经跳线 J7 并接 TSS1 对地，串接 R29（5R10）、TED3 对地，再连至 J9 插座排的 8 脚。

模拟视频无输出，查输入/输出端接口板上 R29 是否开路、TED3 和 TSS1 是否对地短路、跳线 J7 有无被拔掉、J3 排插 8 针脚是否松动没插紧，查转接板上 U4（7805）5V是否有供电、U32 的 1 脚有无视频输出、R87 是否开路，查和主控板的轴连接线是否开路脱落、测量 U7（MAX7456）工作是否正常、查一体化摄像头是否有视频输出。

（2）音频输入/输出信号分别从 J3 插座的 3、4（接地）、5 脚进经 Z1 和 Z2 压敏电阻对地再连接 J9 插座排的 6、5（地）、4 脚。音频输入/输出信号可以用来实现对讲通信功能。

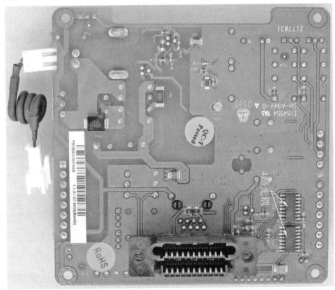

图 4-48 电源及接口板正反面

无音频输入 / 输出信号，查输入 / 输出端接口板上 J9 插座排的 6、5（地）、4 脚是否松动没插紧，敷铜线有没有开裂断路，Z1、Z2 压敏电阻元件击穿等造成的短路故障，再查网络信号处理控制板的 U12（ALC23B）是否工作正常。

（3）RS 485 总线从 J9 插座的 1、2 脚进入经 TED2、TVS3 并接、分别串接 R27、R24（5R10）、再对地并接 TVS2、TVS4，从 J6 插座的 1、2 脚进主控板，其中跳线 J5、R28（120Ω）构成 RS 485 终接电阻。

外接 RS 485 信号无法控制，在地址、协议、波特率、AB 端正确时，可以尝试跳接 J5 使 R28（120Ω）终接电阻连接，如果还无法控制可以查 TED2、TVS3、TVS2、TVS4 是否对地短路，R27、R24（5R10）和 J6 插座的 1、2 脚是否开路，查主控板的轴连接

线是否脱落老化、查主控板上 RS485 收发器 U3（ISL3152EIBZ）是否工作正常、U11
（LPC2365）MCU 是否正常工作（3.3V、看门狗 iPM705、12MHz 时钟）、U6（24C256）
存储器和程序是否正常。

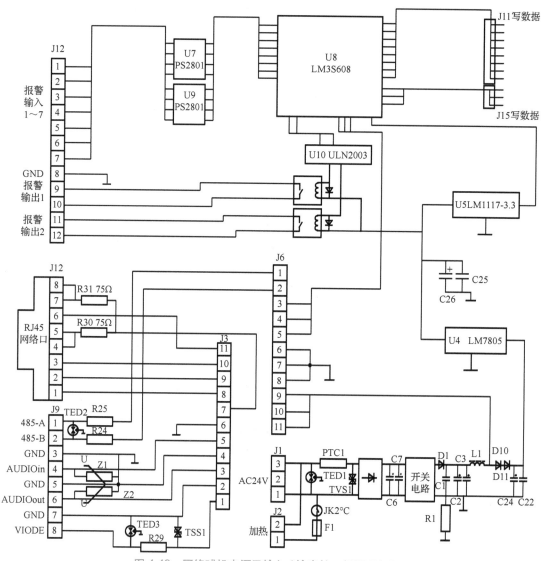

图 4-49　网络球机电源及输入 / 输出接口板原理框图

（4）AC24 电源从 J2 插座 1、3 脚进并接 TED1、串 PTC1（其中 3 脚和 PTC1 的
一脚之间并接 TVS1）经 D2、D3、D6、D7 构成的桥式整流经 C6、C7 滤波再由 U1、
M1、T1、U2、U3 等元件构成的开关电源电路（和大华 SD4150H 高速球主电源结构
功能类似，本节不再赘述）。其中设备的外壳接地、RJ45 口的外壳、TED1、TED2、
TED3 的中芯端 J1 插座的 2 脚之间相互连通，它们和开关电源的次级接地端有一跳针
J16 可选择连通。

整机无电源故障，测量 J1 口 1、3 脚有无 AC24V，测量电容 C6、C7 两端有无 DC36V 左右电压，电压偏低则查 C6、C7 有无漏电失容或鼓包了，如无电源，重点查 PTC1 和 D2、D3、D6、D7 组成的桥式整流电路。有 DC36V 左右电压，则查开关电源电路（前面的电源电路），这里不再赘述。

（5）加热端子 J2 插座是外接负载电阻，它为球机提供热能除霜、除雪。J1 插座的 1 脚串接温度继电器 JK2、热聚合熔断器 F1 再串 J2 插座的 2、1 脚到 J1 插座的 3 脚（即 J2 插座通过 JK2、F1 并在 AC24V 电源上）。

不加热故障比较简单，查外接负载电阻是否变值或开路，J2 插座是否松开脱落，温度继电器 JK2、热聚合熔断器 F1 是否变质开路，AC24V 电源有无供电。

（6）报警控制量的输入由 J12 插座的 1 ～ 7 脚进经 U7、U9 电平转换送入 U8（单片机）处理，U8 连接 J6 插座的 6、7、8 脚至主控板进行数据处理。输出端由 U8（单片机）处理送入 U10（ULN2003）驱动继电器 JK1、JK3 由它们的常开、常闭端串接跳线 J13、J14（NC、NO 选择）到 1、2 组输出（即 J12 的 9、10、11、12 脚）。

① 有报警控制量的输入而网络终端或 DVR 上无报警指示，如果排除终端上的软件设置问题可以查 R40、R41、R42、R43、R45、R46、R47 有无开路，U7、U9（PS2801）工作是否正常，U8（LM3S608）MCU 和程序是否正常运行，U8 的 17、18 引脚 R54、R55（100Ω）、排针 J6 的 3、4、5 针脚和主控板的轴连接线（是否脱落、老化）、主控板上的 MCU（LPC2365）之间是否存在开短路故障。

② 有报警控制量的输入但无输出的，查 U8、U10（ULN2003）、JK3 和 JK4 的线圈、5V 供电，它们之间连线和工作是否正常，重点检测 JK3、JK4 的 NO、NC 的跳针是否跳接正常，还有继电器的 NO、NC 的触点是否存在接触不良。

（7）J10 为 RJ45 网络口，其中的 1、2、3、6 针分别接至 J3 排插的 8、9、10、11 脚（即 RX、TX 用）送至网络信号处理控制板的 T1（MS10232LN 网卡输入 / 输出变压器）端。还有 RJ45 的 4、5、并接串联 R30（75Ω）；7、8 并接串联 R31（75Ω）；R30、R31 再并联至 J3 排插的 7 脚转接到 T1 上。

网络 RJ45 口一般为连接不上、被雷击等故障，维修时查 J10 口（RJ45）的引针是否失去弹性导致接触不良，查 J3 排插的 8、9、10、11 脚有无接触不良，查网络信号处理板的 U5（RTL8201）是否工作正常，如果更换了 U5 就要从该板的 J2 口（RS232）重新写入网络设置基本参数，这样网口才能正常工作。

4.3.3　供电及信号转接板

供电及信号转接板为电源及输入 / 输出端口板、网络信号处理控制板、主控板提供信号和电源转换插件的连接作用。在其板上还有一稳压芯片 U4（7805）为模拟视频信号放大器 U32 提供 5V 电源和风扇插座，如图 4-50 所示。

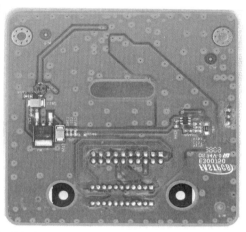

图 4-50　供电及信号转接板（正、反面）

4.3.4　网络信号处理控制板

网络信号处理控制板在负责进行硬件信号处理的和软件程序控制，其实物如图 4-51 所示。

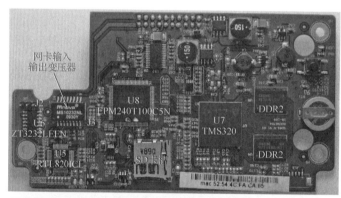

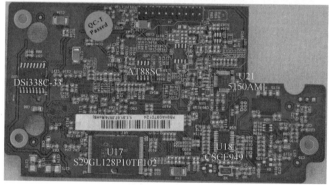

图 4-51　网络信号处理控制板正反面

在该板上处理的信号主要有模拟音视频信号、数字报警量信号、RS 485 控制信号和网络数据信号等。

程序软件作为操作平台数据，被固化在 U8（EPM240T100C5N 可编程序控制器，即称 CPLD）和 U17（S29GL128P10TF102）存储器中。可编程序控制器 CPLD 的程序可从网络信号处理控制板上的 J3 口写入。如软件需要更新可以从 RJ45 网卡口连接读取更新程序。

串口通信芯片 U6（ZT3232LEEN）为网卡芯片 U5（RTL8201）提供串口通信，可以从 J2 端口，查看改写网卡的 MAC、HWID、APPaoto 等基本设置参数。

如果是供电不正常可以参考图 4-53 的供电路径来测量维修。

球机通电单片机 U7（TMS320）复位，U18（CDCE949 扩频时钟）提供时钟信号为 U7 进入工作状态，读取 U17（S29GL128P10TF102）的程序运行。同时 U8（CPLD）也开始运行，完成音视频数据的特定编解码格式处理，与 U7 数据传输，与外接 SD 卡进行存储，还和主控板的 MCU（U11 LPC2365FBD100）进行数据通信。

如果在网络终端设备上操控网络高速球机时，首先访问网络路由、交换机到达网络球机的 RJ45 端口的 IP 地址，芯片 U5 负责网络通信。一体化摄像机的图像模拟视频信号加到主控板的字符叠加电路 U7（MAX7456）成为有字幕的图像信号，这被叠加字幕的视频信号和输入 / 输出端接口板的音频信号一起被 U8（CPLD）编码成特定的音视频数码流，由 U7（MCU）运算处理打包成网络文件包，再由 U5 发出到达目标 IP（即网络终端设备上），网络终端运行终端程序软件解出音视频信号才能够有监视、监听和通信功能。虽然这个过程看似简单但需要很多网络协议、网络硬件设备、软件程序等来支持。

同时球机的网络控制的 RS 485 信号由 U8（CPLD）解出，它把解出的 RS 485 信号再传输给主控板的 MCU（LPC2365FBD100）进行解码，解调出水平、垂直的电动机旋转的角度量和光圈、聚焦、焦距的变化量，再由电动机驱动电路驱动和镜头控制电路来调整。这样就可以完成球机的网络控制了。

4.3.5 主控板

主控板主要包括电源模块 DC-DC、UART 接口 RS232、主控单元 MCU、4 路 D/A、电动机驱动模块 L6219S、E^{2}PROM、TMP75 温度传感器、霍尔传感器 04L、看门狗 iMP705、实时时钟 DS1338C、RS485 收发器 ISL3152EIBZ 等，其实物如图 4-52 所示。主控板的工作原理可参考 301Q 云台章节。

常见故障和简单维修方法有主板 JTAG、E^{2}PROM、RESET、RS485 部分电路故障。其他的故障可以参考大华 SD4150H 高速球的章节。

（1）U11（LPC2365）处程序无法写入，主要排查，J1 处的 JTAG 电路，元件位置如图 4-52 所示。

（2）主板上电不工作，主要排查 RESET 电路，主要为看门狗：U2（iMP705LESA）、

E²PROM：U6（AT24C256N）部分电路；检查晶振：X2（12MHz）、MCU：U11（LPC2365）供电、程序等是否存在问题，元件位置如图 4-52 所示。

（3）云台异常问题重点关注 U3：RS485（ISL3152EIBZ）电路，元件位置如图 4-52 所示。

（4）字幕不正常检测 U7（MAX7456）及 X3（27MHz），元件位置如图 4-52 所示。

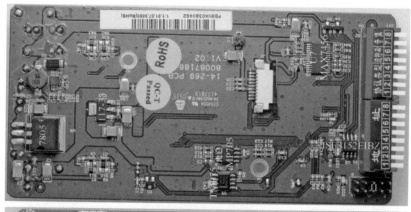

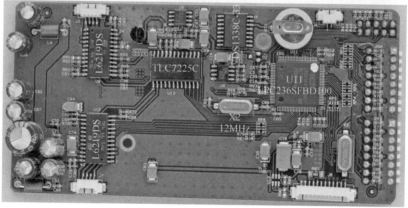

图 4-52　信号解码电动机及镜头控制主板正反面

（5）如果是供电不正常可以参考图 4-53 的主控板部分电源结构图来检测。

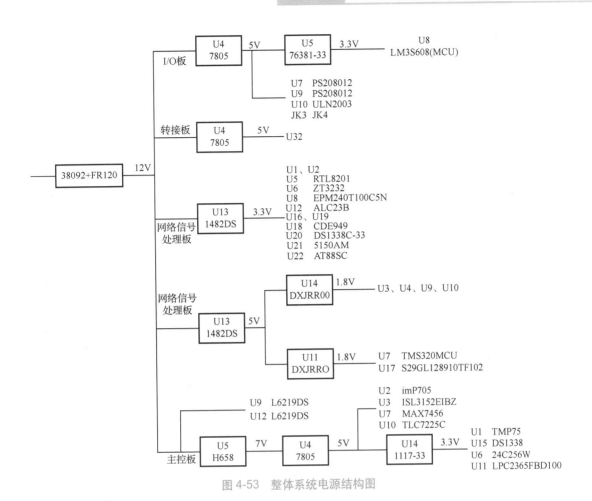

图 4-53 整体系统电源结构图

4.4 故障维修案例

4.4.1 高速球故障的维修案例

一台山博 SB-8803D-22 高速球，机主诉说由于一时疏忽将硬盘录像机输出的 12V 电源接入高速球 RS-485 总线输入端，通电后冒烟，有焦味，发现后立即断电，重新接好，故障现象为无图像输出，也不能进行控制操作。

取下高速球的内芯，发现装在 RS-485 总线输入 A 端与接地端子上的瞬态抑制二极管 SMBJ6.0CA 有烧焦的痕迹，如图 4-54 所示，用万用表测量可以发现这个瞬态抑制二极管 D5 中有一个方向的二极管被击穿，而装在 RS 485 总线输入 B 端与接地端子上的瞬态抑制二极管 D6 完好，用万用表测量均显示∞。卸下罩子，发现机芯线路板到摄像机的薄膜排线中有一条被烧焦而断，如图 4-55 所示，经仔细检查发现这根排线是视频信号输出的地线。其他部分暂时没有发现太多问题，于是首先把用于保护的瞬态抑制二极管 D5 从电路中断开，换上一个同规格的瞬态抑制二极管，如果一时找不到合适的，应急拆掉此瞬态抑制二极管对电路平时的正常工作影响也不是很大，只是失去了相应的保护功能，接着用一根多股软线一头用螺钉固定在一体化摄像机的外壳上，一头焊在高速球视频输出端子在线路板上的接地处。将高速球与硬盘录像机的连接好，通电试机一切正常。

图 4-54 烧焦的 SMBJ6.0CA

图 4-55 烧断的薄膜排线

为了能弄清楚该机被损坏的原因，认真研究该机相关部分的电路及那天用户具体连接的系统，绘制出系统局部电路原理图如图 4-56 所示。经过仔细分析还原了故障产生的全过程。

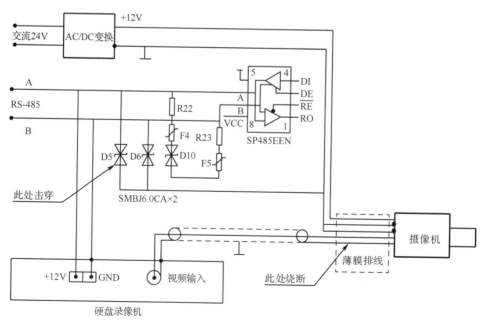

图 4-56 高速球系统局部电原理图

由于用户错误地将 12V 直流当成 RS 485 总线接入了高速球的总线输入端，造成 12V 电流从正极出发流经瞬态抑制二极管 D5，经过高速球中的摄像机的供电电源地——由薄膜排线中两条并联而成——再通过摄像机的视频地由薄膜排线中的一条组成回到硬盘录像机的地即 12V 电源的负极。由于整个回路近似短路，12V 电压几乎全部加在瞬态抑制二极管 D5 上，造成 D5 单方向过热击穿，而这时在整个回路中，电阻相对大些的地方就是要通过全部短路电流的薄膜排线中的那条用于传输视频信号的地线，因此这里会产生很大的热量并将它熔断，这时如果恢复正确的接法，就会出现前面所述的故障现象。

4.4.2　解码器维修案例

一台不知名品牌的解码器与一台华维视频矩阵连接，无论如何均无法控制云台的动作，由于矩阵的波特率设置是内置的，默认是 2400Baud，如果有修改需要打开机箱才可以完成，核对了解码器与矩阵的关键参数：地址、协议、波特率以及 RS-485 总线的线序都没有错误，就是无法与解码器实现正常的通信，解码器是新买的，还没有正式用过。后来试着与硬盘录像机进行连接，由于硬盘录像机默认波特率是 9600Baud，调整好解码器的参数，使之与硬盘录像机对应，发现可以实现与解码器的正常通信，再把硬盘录像机和解码器的波特率都调到 2400Baud，这时又无法实现正常通信，这样看来问题出在解码器上，拆开解码器发现波特率设置的拨码开关中有一组焊点被一个小焊锡球短路，用力去除后通电再试，故障消失。这个应该是生产厂商质量把控不严格所致。但在维修中也应该引起重视。

4.4.3　温度熔断器开路的应急维修案例

目前多数的快速球（入侵报警主机）主要还是采用普通工频变压器实现交流电压的变换，在实践中我们发现有不少快速球（入侵报警主机）会出现无电源的故障，故障现象主要为：在通电的状态下测量主机 AC220V 输入端子，电压正常，拔出熔断器也没有烧断的迹象，而测量变压器次级没有电压。这种情况基本可以判断是变压器损坏，多数人采取换变压器的办法来解决，但实际上这个变压器本身并没有严重损坏，多半是附着在初级线圈外侧的温度熔断器断路。因此完全可以通过应急维修使其起死回生，办法是：找到变压器的初级线圈包，小心将其引线侧的绝缘层剪开并剥开（这个绝缘层往往不止一层，每层在剪开时都要小心，防止将初级线圈剪断）。最后可以看到一个白色或黑色的类似电阻的器件即温度熔断器，如图 4-57 所示，将此开路的温度熔断器两端直接绞合起来就可以了，图 4-58 为常见的一些温度熔断器的外形。

这个办法十分方便，而且比较安全，原来的温度熔断器往往在高电压的冲击下会瞬间损坏，而变压器的初级几乎没有受到任何损害，所以应急维修时直接短路温度熔断器，对入侵报警器的正常工作没有大的影响，但一定要注意机箱上的外接熔断器绝对不能用规格大的替代，否则当电压过高时可能引起变压器过热和烧毁。

图 4-57　变压器初级的温度熔断器

图 4-58　各种温度熔断器

4.5　作业与思考题

1．云台按使用环境分为_____型和_____型；按安装方式分为_____和_____，按外形分为_____型和_____型；此外还有_____云台和_____云台之分。

2．云台回装时应该重点注意_____的位置。

3．云台出现的故障有哪些？

4．云台上的摄像机 12V 电源是怎样得到的？

5．室内云台与室外云台有哪些不同？

6．高速球出现的故障有哪些？

7．高速球上的摄像机 12V 电源是怎样得到的？

8．高速球上的摄像机与通用摄像机有不同点吗？

9．简要说明云台、高速球和网络球的供电方式结构上的差别。

10．一个云台或球机如何设置，才能在 DVR 上完全操控？

11．高速球机和网络球机的区别有哪些，它们的终端设备有什么区别？

12．网络球机是如何调试才能在网络终端上操控的？

13．本章中轻触开关、槽式光耦、霍尔元件等传感器在哪些地方应用？

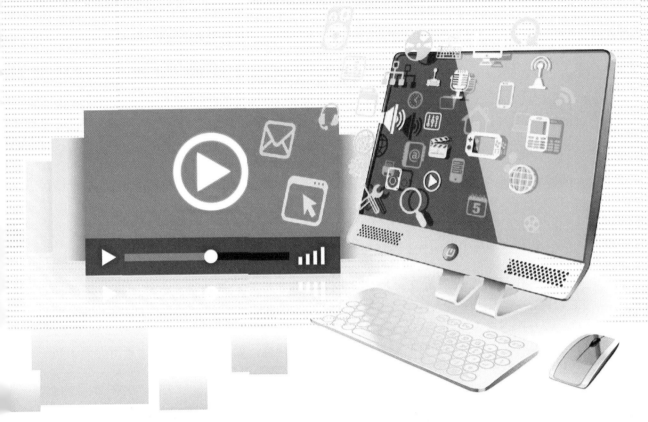

第5章 摄像机故障的维修

概述

　　摄像机是整个视频安防监控系统中的核心部件，了解和熟悉摄像机的基本结构，处理摄像机的简单故障对一个安全防范安装维护工程师来说是一项延伸技能，通过对大华DH-CA-F420DP枪式摄像机和海康DS-2CD4012FWD高清数字网络摄像机进行实体拆解和回装，使学生了解和掌握摄像机的拆解和组装技能，并通过案例的讲解，掌握一些简单故障的处理技能。

学习目标

1. 了解摄像机的基本结构和掌握拆解技能；
2. 掌握摄像机的回装技能；
3. 熟悉摄像机的内部电源电路故障的处理方法；
4. 熟悉摄像机输入、输出电路故障的处理方法。

111

 ## 5.1 摄像机拆解与回装

5.1.1 摄像机的拆解与认识

（1）拧下摄像机固定支架块的 2 枚 M2.5×8 螺钉，如图 5-1 所示，取下摄像机支架块。

（2）拧下摄像机固定前盖板的 3 枚 M2×4 沉头螺钉，如图 5-2 所示。取下前盖板，如图 5-3 所示。分别拔下前盖板三芯排插和四芯排插，如图 5-4 所示。注意用力要柔和要抓住排插塑料部分，不能用蛮力去拽排线，否则容易引起断线的故障。

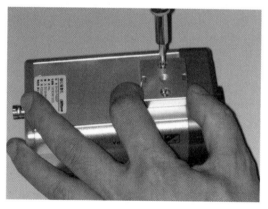

图 5-1 拧下摄像机固定支架块的螺钉

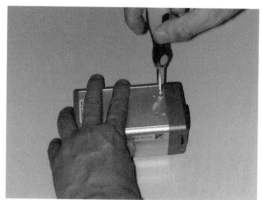

图 5-2 拧下摄像机固定前盖板的螺钉

图 5-3 取下前盖板

图 5-4 拔下前盖板接插件

（3）拧下摄像机固定后盖板的 3 枚 M2.5×4 沉头螺钉，如图 5-5 所示。取下后盖板，如图 5-6 所示。

图 5-5　拧下摄像机固定后盖板的螺钉

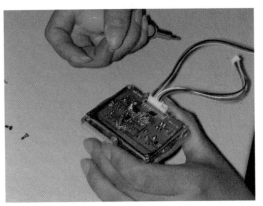

图 5-6　取下后盖板

（4）拧下前盖板上固定 CCD 主板 4 枚 M2×6 的自攻螺钉，如图 5-7 所示。取下 CCD 主板，如图 5-8 所示。CCD 主板包括光电转换电路、频处理电路、同步电路和驱动电路。

图 5-7　拧下前盖板上固定 CCD 主板的螺钉

图 5-8　取下 CCD 主板

（5）拧下后盖板上固定接口电路板的 4 枚黑色 M2×6 的螺钉，如图 5-9 所示。取下接口电路板，如图 5-10 所示。接口电路板包括电源输入接口、电源指示、参数设置、自动光圈控制选择和驱动、视频输出接口等。

（6）整个摄像机拆解完毕后的所有部件如图 5-11 所示。可以看出目前市面流行的主流通用摄像机在结构上都比较简单，一般由前后两块线路板组成，一些摄像机甚至连后接口板都省略了，如图 5-12 所示。

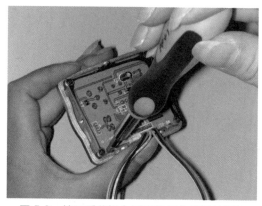

图 5-9　拧下后盖板上固定接口电路板的螺钉

图 5-10　取下接口电路板

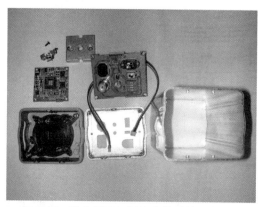

图 5-11　整个摄像机拆解完毕后的所有部件

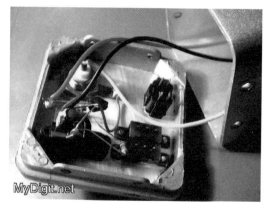

图 5-12　省略后接口板的某些摄像机

5.1.2　摄像机的回装

（1）把接口电路板小心放入后盖板中，拧紧 4 枚固定螺钉，注意此 4 枚螺钉是黑色 M2×6 的，如图 5-13 所示。

（2）把 CCD 主板小心放入前盖板中用螺钉固定，如图 5-14 所示。装入时要注意 CCD 主板的安装方向，识别的方法是三芯排插和四芯排插要装在靠近调节手柄的这一侧，拧紧 CCD 主板的 4 枚 M2×6 自攻螺钉，注意该螺钉的钉帽上有红色封漆。

（3）把装好接口板的后盖板装入机身，注意一边是 2 枚螺钉一边是 1 枚螺钉，要与机身的螺孔对应；如图 5-15 所示，然后旋入 3 枚 M2×4 沉头螺钉。

（4）将前后电路板上对应的排线插上，如图 5-16 所示，注意一个是三芯的一个是四芯的，同时还要注意排线的插口方向，如果不能很方便地插入，就要考虑方向是否插错了。

（5）把装好 CCD 的后盖板装入机身，如图 5-17 所示，上紧 3 枚 M2×4 沉头螺钉，紧固固定块的螺钉，如图 5-18 所示，注意事项与前面一样。

图 5-13　把接口电路固定在后盖板上

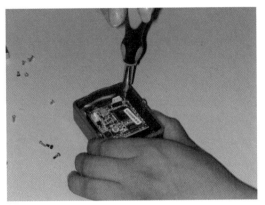

图 5-14　把 CCD 主板固定在前盖板上

图 5-15　把后盖板装入机身

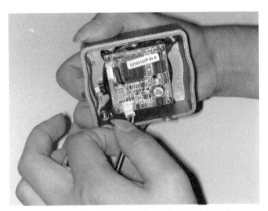

图 5-16　插上前后电路板上对应的排线

（6）最后装上固定支架块，并紧固 2 枚 M2.5×8 螺钉，如图 5-18 所示。

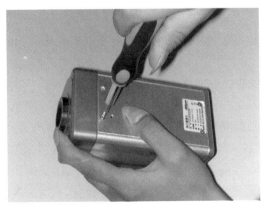

图 5-17　后盖板装入机身

图 5-18　紧固固定支架块的螺钉

5.2 摄像机的电路与简单故障维修

5.2.1 电源供电途径故障维修

1. 监控摄像机内部供电模式

监控摄像机内部电源往往有好几组，以 12V 的摄像头机为例，在其内部往往有+12V、+9V、+5V 等多组内部电源，图 5-19 是摄像头内部电源示意图，市面上部分摄像头内部还有输出电压为 3.3V 和 2.7V 两组主电源供电的，如果是 CMOS 的还要用到+15V（或 +20V）、−9V 等电压。由于现代电子技术的进步，以上电压也可以用 DC-DC 转换集成电路直接产生，其电源效率要远远高于 78 系列稳压集成电路，并且可以轻而易举地产生高于输入值的电压。电源电路是摄像头中比较容易出故障的电路，其中熔断电阻器损坏概率相对又高些。

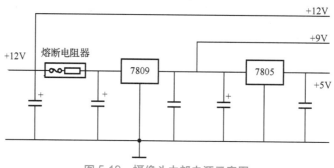

图 5-19　摄像头内部电源示意图

下面以 DH-CA-F420DP 的枪式摄像机为例，简要介绍一下这款摄像机电源部分的电路。图 5-20 是 DH-CA-F420DP 的枪式摄像机的电源电路简图，从前面的拆解已经知道了这款摄像机由前后两块电路板完成全部功能，前板（CCD 主板）如图 5-21 所示，后板（接口板）如图 5-22 所示。从图 5-20 中可以看出，12V 电源进来以后分为两路，一路到前板，12V 电源经过 DC-DC 专用变换电路 063AC（MC34063），把 12V 直流电高效地转换为 5.2V 直流电，为 CCD 模块、CCD 前端放大器 CXA3796N、视频处理器 CXD3142R 提供电源。这里不采用 7805 主要是考虑减少主板发热量，提高电源利用率，在进入 DC-DC 转换集成电路 063AC 前，首先串上一个二极管，主要是防止电源接反造成器件损坏。063AC 是一块广泛应用的 DC-DC 电源转换电路，具有廉价、电路形式灵活等特点，片内包含有温度补偿带隙基准源、一个占空比周期控制振荡器驱动器和大电流输出开关，可输出 1.5A 的开关电流，升压时效率最高 90%，降压时效率最高 80%。类似型号有 MC34063、MC34063AC，TS34063AC、RT34063ACS 等。12V 的另一路到后板，12V 电源通过

78L05 降为 5V,由于这部分电路电流很小,就没有必要采用 DC-DC 变换电路,以降低成本,在 12V 进入 78L05 之前,串入二极管和一个 36Ω 电阻主要也是起保护作用。

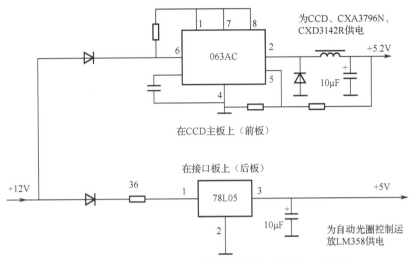

图 5-20　DH-CA-F420DP 的枪式摄像机的电源电路简图

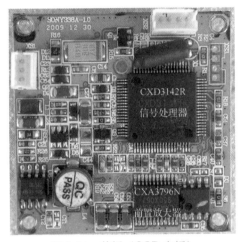

图 5-21　前板(CCD 主板)

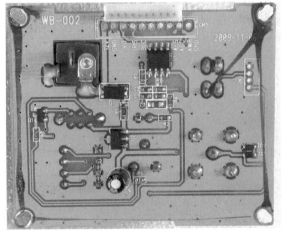

图 5-22　后板(接口板)

2．维修指南

1)无图像输出

➤ 检查整机电源电压是否正常(10 ～ 13V);

➤ 检查信号输出端口与线路板连接是否可靠;

➤ 检查电源和信号传输的排线连接是否可靠;

➤ 检查 063AC 电源输入脚 6 电压是否正常(9 ～ 12V);

➤ 检查 063AC 电源输出脚 2 电压是否正常(5V),如输入正常,输出不正常,检查跨接 2 脚—5 脚—4 脚上的两个电阻阻值是否正常,如正常可更换 063AC 试试。

117

2）自动光圈控制不灵

➤ 检查 78L05 电源输入脚 1 电压是否正常（9～12V）；

➤ 检查 78L05 电源输出脚 3 电压是否正常（5V）；

➤ 检查运放工作是否正常。

5.2.2　主要电路简易故障的维修

摄像头主要电路包括光电转换电路、视频处理电路、同步电路和驱动电路，这部分电路出故障的概率相对较小。由于目前还缺少这方面的详细资料，这里只能做些简单介绍。

1）光电转换电路

光电转换电路实际上是一个 CCD 图像传感器集成电路。景物通过光学镜头后在 CCD 图像传感器的靶面上的每一个单元（像素）都是光敏单元，因此这些光敏单元在不同的光照射下，将输出不同强度的弱电流。用 15625Hz；（行频）/50Hz（场频）的电视系统对 CCD 集成电路进行扫描，即可拾取出随时间及靶面照度的变化而输出的电信号。

2）视频处理电路

视频处理电路由专门的集成电路完成，包括信号处理、复合消隐、视频相位及内藏 AGC 闭环视频信号放大器等。将 CCD 图像传感器输出的微弱视频信号进行相应电平转换和自动亮度控制放大，即可输出标准的 $1V_{P-P}$ 的视频信号。

3）同步电路

同步电路产生 15625Hz/50Hz 扫描统所需的时钟脉冲、内同步信号、信号处理脉冲、变速电子快门、时间脉冲及复合同步信号。这些脉冲之间有严格的时序，均由时钟控制，一般时钟基准频率为 18.9375MHz，经过分频器分得 f_H= 15625Hz 的行频信号，再经 625 分频器分得 f_v= 50Hz 的场频信号，它们分别用于驱动行、场频电路。

4）驱动电路

驱动电路通常为专用的集成电路，包括 4 个 CCD 图像传感驱动器，2 个外输出脉冲发生器，电子快门脉冲驱动器等。该电路可以将同步电路产生的脉冲信号电平转换并放大到所需的幅值。

此外，摄像头包括其他一些辅助接入、输出接头等电路。

5.3　数字高清网络摄像机的分析

这里以海康 DS-2CD4012FWD 为例介绍数字高清网络摄像机的基本结构及系统工作框图。

5.3.1 设备概述

该机采用的 TI 公司 DM385 达·芬奇数字媒体处理器是高度集成、成本有效、低功耗、可程序设计平台，其独特之处在于，能够运行 TI 的第四代运动补偿噪声过滤技术。支持多码流影像（H.264：1080P 60 fps + H.264：D1 30 fps + MJPEG：1080P 5fps），具有 WDR 宽动态影像功能。该机能用于 HD 视频会议，Skype 端点，IP 网络摄像机等场合。

该机主要由外壳、CCD 单元、主处理板和接口、电源板几部分组成，如图 5-23 所示。图 5-24 为该机主处理板正反面。图 5-25 为接口、电源板正反面。图 5-26 为 CCD 单元。

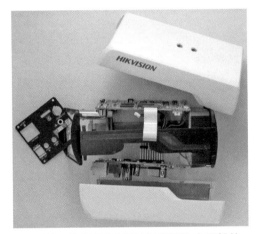

图 5-23　海康 DS-2CD4012FWD 主要部件

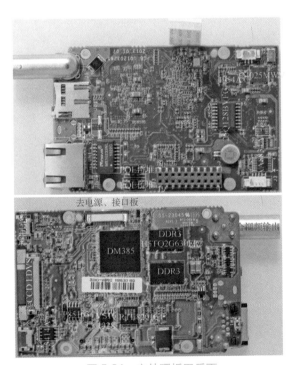

图 5-24　主处理板正反面

图 5-25　接口、电源板正反面

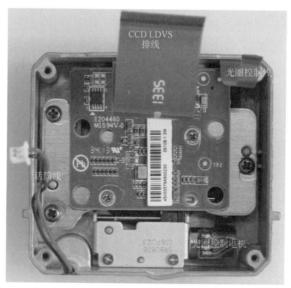

图 5-26　CCD 单元

5.3.2　原理框图分析

图 5-27 为我们根据实物测绘的海康 DS-2CD4012FWD 高清数字网络摄像机的主处

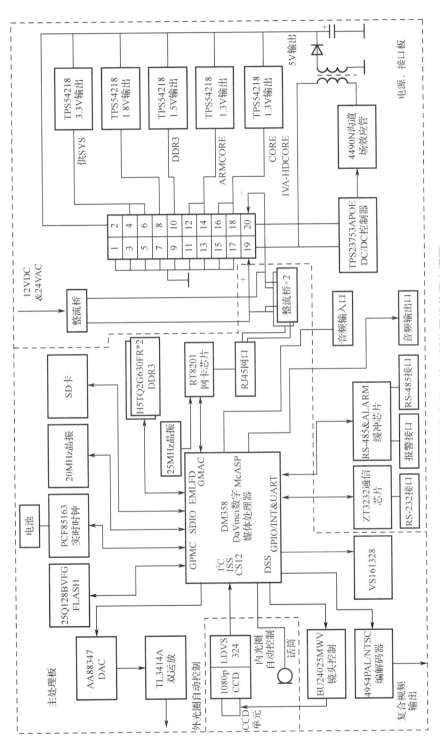

图 5-27　主处理板与电源、接口板的逻辑关系方框图

121

理板与电源、接口板的逻辑关系方框图。主处理板以 DM385 达·芬奇数字媒体处理器为核心，可实现对 CCD 采集的高清图像信息及话筒等音频设备采集的音频信息进行处理，经处理后的多种图像格式流媒体通过网卡芯片可以 TCP/IP 的方式进行传输，配合 SD 卡还可以实现本地存储。此外数字信息还可以通过解码器输出 PAL/NTSC 标清格式的复合视频信号，同时还可以实现移动侦测、遮盖等报警信息传送及 RS-232、RS-485 总线的通信。电源、接口板主要负责进行主处理器、存储器及其他各类芯片所需要的电源电压的变换。由于采用了 PoE 专用电源芯片 TPS23753，本机可以支持 PoE 供电，ARM 内核、处理器内核和 IVA_HD 内核所需要的 1.3V、DDR3 所需要的 1.5V，系统所需要的 3.3V 和 5V 电压都是由外部电源 12VDC/24VAC 或 PoE 提供的 48VDC 转换而来的。首先通过 TPS23753A 控制器和 4490N 沟道场效应管及隔离开关变压器，把 12VDC 或 24VAC 或 48VDC 变换为 5VDC，再通过 5 路降压 DC/DC 变换器 TPS54218 把 5VDC 电压变换为 1.3VDC、1.5VDC、1.8VDC、3.3VDC 等电压，以满足主板对电压多样性的要求。

5.3.3　维修指南

摄像机主处理板工作电压虽然比较多，但电压值都比较低，一般出问题的概率不是很大。相对而言出问题概率比较大的是电源板，特别是 PoE 部分，由于工作电压比较高，并且可能会引入二次雷电，这方面出问题的概率会大一些。

关于电源部分主要应该检查 TPS23753 后面输出的 5V 电压是否正常，这是后面所有低压电压的基础，如果不正常，后面的电压基本上都会有一定的问题了。

1）PoE 供电

（1）检查 RJ-45 端口是否有问题，检查 PoE 供电电路或单元是否有问题；

（2）检查 PoE 整流桥（为施工方便，不用区分电压极性），共有两个，交流输入端分别都接 RJ45 的 4、5 和 7、8，首先测量 4、5 和 7、8 之间有没有有 48VDC 电压；

（3）测量 PoE 整流桥输出端是否有 48VDC 电压；

（4）检查 TPS23753 电路的外围元件是否有问题（可参考第 3 章的 TPS23753A 典型电路）；

（5）检查 TPS23753 本身是否损坏。

2）12VDC/24VAC 供电

（1）检查输入端口的电压是否有直流或相应的交流电压；

（2）测量电源端整流桥输出端是否有 12VDC 或 33V 电压；

（3）检查 TPS23753 电路的外围元件是否有问题；

（4）检查 TPS23753 本身是否损坏。

如果 TPS23753 后面输出的 5V 电压正常，则应该分别测量 5 路 TPS54218 输出的电压是否都正常（可参考第 3 章的 TPS54218 典型电路）。

如果电压都正常（输出电压点可参考图 5-33 插座上的对应电压值），则问题可能出现在主处理板上；如果电压不正常可测量 TPS54218 外围元件，如果外围元件没有问题，则很有可能是 TPS54218 本身损坏。

5.4　维修案例

5.4.1　无电源指示

1）SANYO 彩色摄像头无图像无电源指示

电源指示灯不亮，说明机内电源有故障。拆开机机壳，仔细检测，发现电源电路中极性保护二极管（A3）断路。换新后故障依旧。继续检测，发现电源电路中的限流电阻损坏，用 2Ω 片状电阻更换后，整机恢复正常。

2）YHBO 黑白摄像头无图像无电源指示

电源指示灯不亮，说明机内电源有故障，拆机检查，发现与电源电路中串联的片状二极管（电源极性保护）表面发暗烧损，换新后试机，有信号无图像，说明图像传感器有故障。检测其（9）、（12）脚端电压分别为 10.7V，0V（正常时分别为 15V 和 -9V）说明升压电路有问题。该摄像头升压电路如图 5-28 所示，经过检测，时基电路 NE555 损坏。将其换新后仍无电压输出。测 NE555 的 3 脚接近电源电压，给其 2 脚加一高电平，3 脚电压仍不下降，说明 3 脚与电源相通。检查 3 脚外接元件，发现 2.2μF 电容击穿。将其更换后，电压恢复正常，摄像头工作正常。

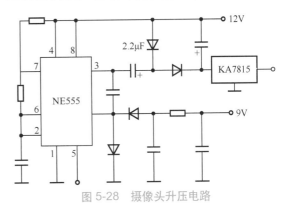

图 5-28　摄像头升压电路

3）丽达牌 CMOS 黑白摄像头无图像，但屏幕显示蓝屏

此现象说明控制器工作正常，传感器电路有故障。首先检测传感器引脚供电电压 CSA 端只有 1.2V（正常应为 2.8V）。图 5-29 为 CMOS 摄像头电源电路。检测相关元件，发现 0.1μF 电容约有 120kΩ 阻值。将其换新后，此电压恢复正常，故障排除。

其他牌号、型号的摄像机虽然外形各异，但电源电路与图 5-21 相似，检修时可进行参考。

5.4.2　无图像输出

1）FUJL 彩色摄像头无图像输出

FUJL 彩色摄像头，无图像输出，此摄像头未设电源 LED 指示。打开机壳，检测电

路电源 +12V 电压正常，电流 140mA 也正常，测量其他各组电压均正常，在摄像头 "V"
端插口用视频线接到监视器线路输入端插孔时，有微弱图像，而且不稳定。关机，检测
视频端插孔与线路板间的焊点时，发现视频端插孔与线路板间焊点输出耦合片状电阻
（75Ω）开路。将其更换后，图像输出正常。

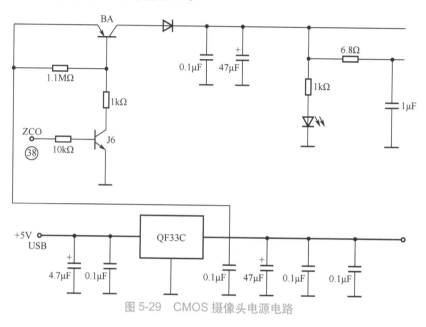

图 5-29　CMOS 摄像头电源电路

2）三星彩色摄像机 SCC-421AP 无图像

此摄像机通电指示灯亮，但没有图像，打开机壳，取出后板发现机内塑料排线有霉
断痕迹，由于一时无法找到新的排线，并且这个排线的长度还有一点富余，于是用剪刀
将霉断影响的部分排线剪去，如图 5-30 所示，并将贴在后面的塑料骨架剥离出来，用
502 胶水粘到新剪出的排线头上，接着用美工刀将排线头上部分的塑料绝缘薄膜刮去，
重新装回原电路中，如图 5-31 所示。再通电，一切恢复正常，故障排除。

图 5-30　将排线霉断的部分剪去

图 5-31　将修好的排线装回电路中

5.5 实训与作业

5.5.1 课内实训

实训项目 5-1：摄像机拆卸与回装

请按照活动 5.1.1、5.1.2 的步骤和方法进行摄像机的拆卸与回装并填写表 5-1。

表 5-1 摄像机拆卸步骤

拆卸步骤	拧下螺钉数目	螺钉规格	CCD 主板上的主要元件	接口板上的主要元件
1				
2				
3				

5.5.2 作业

1．摄像头主要电路包括光_____、_____、_____和驱动电路。

2．海康 DS-2CD4012FWD 主要由_____、_____、_____和接口、电源板几部分组成。

3．DS-2CD4012FWD 中有 5 块 TPS54218 分别把 5VDC 电压变换为_____、____、_____、_____等电压。

4．DS-2CD4012FW 中的主处理板以_____数字媒体处理器为核心。

5．PoE 输入的电压经过_____控制器和 4490N 沟道场效应管及隔离开关变压器转换成 5V 的电源。

6．DH-CA-F420DP 的枪式摄像机都由哪几部分组成？

7．监控摄像机内部供电模式有哪些？

8．怎样判断灰尘在 CCD 靶面上还是镜头上？

9．红外摄像机晚上出现图像发白或有亮白光环的现象可能的原因是什么？

10．简要说明摄像机电源的几种供电方式。

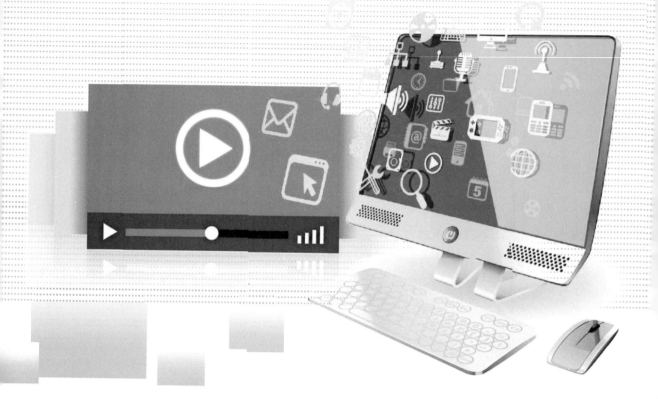

第6章　DVR 和 NVR 故障的维修

概述

安防系统 DVR（硬盘录像机）和 NVR（网络硬盘录像机）的维修，需要学生对 DVR 和 NVR 的结构、内部构造、电子元器件、线路板有较深刻的了解和认识，通过本章的学习使学生了解 DVR 和 NVR 的构造和常用的元器件，掌握 DVR 和 NVR 的拆卸与安装，学习开关电源的基本维修技能，具备一定的解决故障的能力。

学习目标

1. 能顺利完成 DVR 和 NVR 的拆卸与安装；
2. 针对 DVR 和 NVR 的典型故障，具有一定的解决故障能力；
3. 学习 UC3842 开关电源工作原理，掌握开关电源典型故障的处理方法。

6.1　嵌入式硬盘录像机

6.1.1　嵌入式硬盘录像机的拆解与认识

硬盘录像机（Digital Video Recorder，DVR），即数字视频录像机，其相对于传统的模拟视频录像机，采用硬盘录像，故常被称为硬盘录像机，也被称为 DVR。它其实是一套进行图像存储处理的计算机系统，具有对图像 / 语音进行长时间录像、录音、远程监视和控制的功能，DVR 集录像机、画面分割器、云台镜头控制、报警控制、网络传输等多种功能于一身，在价格上也逐渐占据优势。这里以大华 DH/DVR0404LE 嵌入式硬盘录像机为例，介绍嵌入式硬盘录像机的拆解，认识其结构。

（1）拧下后面板上固定上盖板的 2 枚黑色 M3×6 螺钉，如图 6-1 所示。

（2）用手向后推，待上盖板嵌入前面板部分全部露出后，卸下上盖板，如图 6-2 所示。

图 6-1　拧下后面板上固定上盖板的螺钉

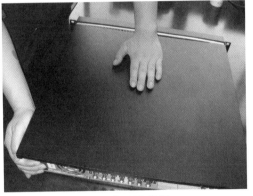

图 6-2　卸下上盖板

（3）将电源连接线锁扣用手压住然后向上提，拆除开关电源低压侧连接线，如图 6-3 所示。

（4）用手顺时针拧开束线扣，松开被固定在底板上的电源线，如图 6-4 所示。

（5）拆除后面板 3 枚六角形 M3×6 粗纹开关电源固定螺钉，如图 6-5 所示。

（6）用手抠开风扇电源连接线排插的倒扣，另一只手拔下风扇电源连接线，如图 6-6 所示。

（7）拆下 2 枚 M3×6 风扇支架固定螺钉，如图 6-7 所示。

（8）拆下 4 枚 M5×8 自攻螺钉风扇固定螺钉，如图 6-8 所示。

127

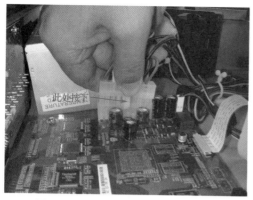

图 6-3　拆除开关电源低压侧连接线

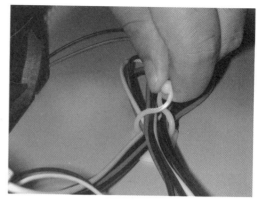

图 6-4　松开被固定在底板上的电源线

图 6-5　拆除后面板开关电源固定螺钉

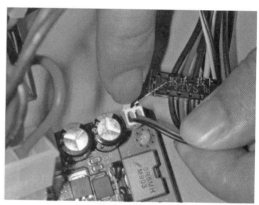

图 6-6　拆除风扇电源连接线

图 6-7　拧下风扇支架固定螺钉

图 6-8　拧下风扇固定螺钉

（9）撕开风扇铭牌，如图 6-9 所示。

（10）撕开风扇铭牌后，会露出黑色的橡胶密封圈，用镊子将垫片取出来，如图 6-10 所示。

（11）取出橡胶密封圈后，露出一个塑料卡簧，小心用镊子取出来，注意该卡簧有弹性，不要让其掉到别处，如图 6-11 所示。

（12）拆下塑料卡簧后，就可以将扇叶和线圈分离开，如图 6-12 所示。整个风扇拆开如图 6-13 所示，这种风扇最容易出的问题就是轴承缺油，造成转动不灵活并且有声音，处理办法就是在轴承上加少许润滑油。

图 6-9　撕开风扇铭牌

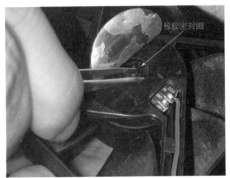

图 6-10　取出橡胶密封圈的垫片

图 6-11　取出塑料卡簧

图 6-12　分离扇叶和线圈

（13）分别拆下连在主板上前面板上的四芯 USB 排线及 20 芯数据排线，如图 6-14 和图 6-15 所示。需要注意的是，在拆数据连接排线时候，首先要用镊子将排线两侧的黑色卡销拨出来。

图 6-13　风扇最终拆解图

图 6-14　拆下 USB 排线

（14）拆下 5 枚 M3×6 带垫片输入 / 输出板固定螺钉，如图 6-16 所示。

图 6-15　拆下 20 芯数据排线

图 6-16　拆下输入 / 输出板固定螺钉

（15）拆下 3 枚 M3×6 带垫片主板固定螺钉，如图 6-17 所示。

（16）用尖嘴钳夹松主板上 3 个塑料托架锁扣，如图 6-18 所示。

图 6-17　拆下主板固定螺钉

图 6-18　夹松塑料托架锁扣

（17）拔下背板输出模块接线插排，如图 6-19 所示。

（18）主板与输入 / 输出板同时向前拉出来，使得视频连接端子脱离孔位，如图 6-20 所示。

图 6-19　拔下背板输出模块接线插排

图 6-20　视频连接端子脱离孔位

（19）将横板、竖板同时向前端出来后，便可动手向上提起竖板，从而将横板、竖板上下分离，如图 6-21 所示，将横板和竖板分开后，两块板子正面视图如图 6-22 所示。

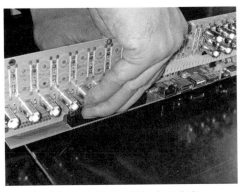
图 6-21　将横板、竖板上下分离

图 6-22　横板和竖板正面

（20）拧下硬盘安装支架的 2 枚 M3×8 固定螺钉，如图 6-23 所示，取下硬盘安装支架。

（21）拧下固定前面板机箱挡板的 5 枚 M3×8 螺钉，如图 6-24 所示，取下前面板固定挡板。

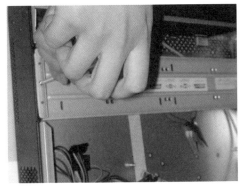
图 6-23　拧下硬盘安装支架的固定螺钉

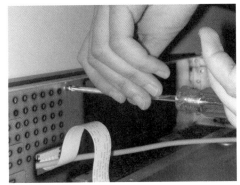
图 6-24　拧下前面板机箱挡板的固定螺钉

（22）取下前面板上的 USB 接口排插，取下前面板上 20 芯塑料数据排线，如图 6-25和 6-26 所示。

图 6-25　取下前面板上的 USB 接口排插

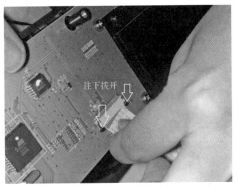
图 6-26　取下前面板上的 20 芯塑料数据排线

（23）拧下固定前面板的 7 枚 M3×8 自攻螺钉，如图 6-27 所示。取出前面板（见图 6-28），取下帧控制旋钮和快进 / 快退钮。

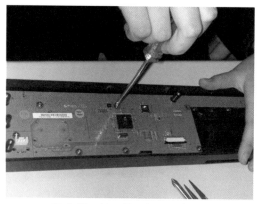

图 6-27　拧下前面板固定螺钉

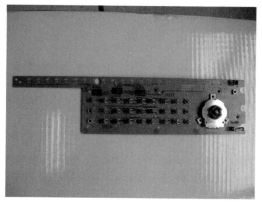

图 6-28　前面板正面

6.1.2　嵌入式硬盘录像机的回装

嵌入式硬盘录像机的回装是拆解的逆过程，具体操作可参考拆卸过程，大体上来说应当遵循以下顺序。

（1）将前面板上的帧控制旋钮和快进 / 快退钮（见图 6-29）装入电位器中，注意将钮子的缺口与电位器柄上的缺口对准。

图 6-29　帧控制旋钮和快进快退钮

（2）上紧前面板 7 枚 M3×8 固定自攻螺钉，插上 USB 接口排插和 20 芯数据线排插。

（3）装上前面板机箱挡板，上紧 5 枚 M3×8 紧固螺钉，装上硬盘固定支架，上紧 2 枚 M3×8 紧固螺钉。

（4）将主板与输入 / 输出板重新插接在一起。

（5）主板与输入 / 输出板整体推入插槽内；

（6）将主板压入的塑料托架锁扣；

（7）分别拧紧主板固定螺钉和输入 / 输出板固定螺钉，这些螺钉共 8 枚都是 M3×6 带垫片的；

（8）将风扇用 4 枚 M5×8 自攻螺钉固定在支架上；

（9）将风扇组件用 2 枚 M3×6 螺钉固定起来，注意支架上有缺口的位置朝上；

（10）将开关电源模块用 3 枚六角 M4×8 粗纹螺钉固定在原先位置；

（11）连接 20 芯数据线，注意要把黑色卡销两边用力推紧，否则排线会脱落，插上风扇电源线，开关电源输出线、前面板 USB 口线。

6.2　嵌入式硬盘录像机的维修

6.2.1　开关电源的原理与维修

这里仍以大华 DH/DVR0404LE 嵌入式硬盘录像机开关电源为例介绍开关电源的基本工作原理及简单故障的维修。图 6-30 是根据实物测绘的开关电源电路图。

1．关键器件

1）UC3842 简介

UC3842 是美国 Unitrode 公司生产的一种高性能单端输出式电流控制型脉宽调制器芯片。UC3842 为 8 脚双列直插式封装，由单电源供电，带电流正向补偿，单路调制输出，其内部组成框图如图 6-31 所示。其中脚 1 外接阻容元件，用来补偿误差放大器的频率特性。脚 2 是反馈电压输入端，将取样电压加到误差放大器的反相输入端，再与同相输入端的基准电压进行比较，产生误差电压。脚 3 是电流检测输入端，与电阻配合，构成过流保护电路。脚 4 外接锯齿波振荡器外部定时电阻与定时电容，决定振荡频率。8 脚基准电压 V_{REF} 为 5V，输出电压将决定变压器的变压比。由图 6-31 可见，它主要包括高频振荡、误差比较、欠压锁定、电流取样比较、脉宽调制锁存等功能电路。UC3842 主要用于高频中小容量开关电源，由它构成的传统离线式反激变换器电路在驱动隔离输出的单端开关时，通常将误差比较器的反向输入端通过反馈绕组经电阻分压得到的信号与内部 2.5V 基准进行比较，误差比较器的输出端与反向输入端接成 PI 补偿网络，误差比较器的输出端与电流采样电压进行比较，从而控制 PWM 序列的占空比，达到电路稳定的目的。UC3843、3844 和 3845 与 3842 有相似的电路结构，但开启和关闭电压及占空比参数有较大差异，所以是不能直接替换的。

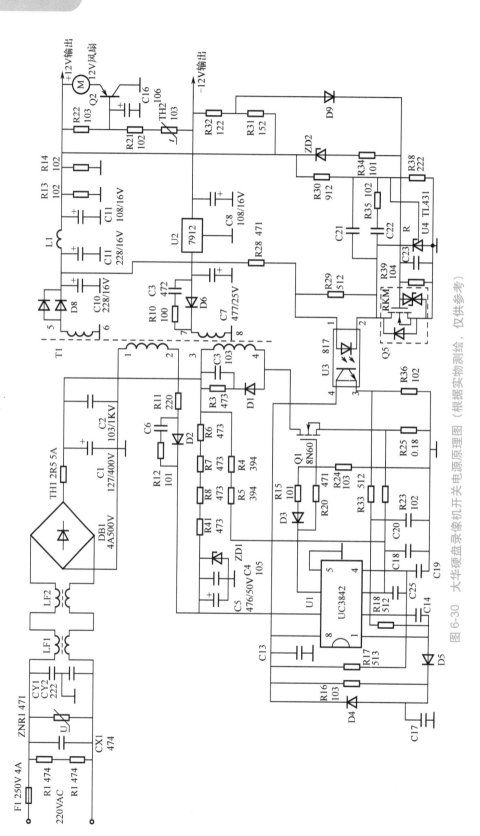

图 6-30 大华硬盘录像机开关电源原理图（根据实物测绘，仅供参考）

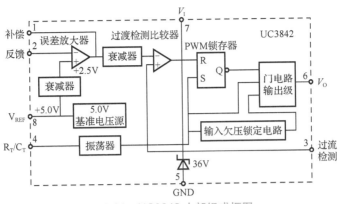

图 6-31　UC3842 内部组成框图

2）开关管

本电源采用的开关管是 N 沟道增强型的 MOS 管 8N60，其标准型号应该为 IX-FH8N60，主要参数 V_{DSS}=600V，I_{D25}=6A，P_D=150W，TO-247 封装（与 TO-3P 比较接近）。引脚排列，有字面朝自己，从左到右分别为 G、S、D。该开关管损坏后，可用参数指标相当或更高一些的 N 沟道增强型的 MOS 管来替代，如用 9N60、8N80、10N60、11N60 及 2SK3569 等来替代。

2. 实物电路及元器件作用分析

图 6-30 是硬盘录像机开关电源电路图，下面简要介绍基本工作原理和主要元器件的作用。220VAC 经熔断器 F1，以及 CX1、CY1、CY2、LF1、LF2 组成的滤波电路，主要负责减少污染电网和被电网干扰污染，以提高电磁兼容性，压敏电阻 TH1 主要负责吸收电网的高压窄脉冲，此后 220VAC 经 DB1 整流和 C1、C2 滤波得到 290 ～ 300VDC，TH1 为过流熔断电阻器，R6、R7、R8、R41、C4、C5、绕组 1-2、ZD1、D2、R11 为 UC3842 的 7 脚提供电源，当 7 端电压升至 16V 时 UC3842 开始工作，其中 R6、R7、R8、R41 是启动电阻，当电路正常工作后电源由绕组 1-2、ZD1、D2、R11 提供，6 脚输出脉冲推动 Q1 工作，从而使绕组 5-6、绕组 6-8、绕组 1-2 有电压输出，R4、R5 为过压保护取样电路，R25、R23 为过流保护取样电路，4 脚接的 R17、C19 为 RC 锯齿波振荡电路，决定开关电源的工作频率，2 脚与 R33 及光耦 U3 的 3、4 脚构成热地侧电压反馈控制电路；R28、R29、光耦 U3 的 1、2 脚、R30、ZD2、R34、基准电压集成块 U4、D9、R31、R32、R39、Q5 等分别构成冷地侧 +12V 和 -12V 电源稳压取样控制电路；D8、C10、C11、L1、C12 为 +12V 整流滤波电路，D6、C7、U2、C8 为 -12V 整流滤波稳压电路；R22、R21、TH1、Q2 构成自动温度控制风扇驱动电路。

此开关电源仅提供 ±12V 两组电源，在主板上还需要通过 ISL6440 和 MOS 管组成的 DC-DC 转换电路，将 +12V 电源转换成 +5V、+3.3V、+2.5V、+1.8V 等多组低压电源，为主板上各类芯片提供电源保障。

3. 开关电源的拆解

（1）撕开标签，拧下上盖板 4 枚 M3×6 沉头固定螺钉，如图 6-32 所示，打开电源上盖板。

（2）拧开 4 枚 M3×8 线路板固定螺钉，如图 6-33 所示。

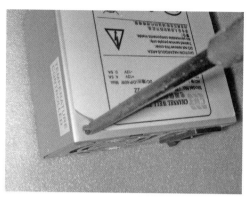

图 6-32　拧下上盖板固定螺钉

图 6-33　拧下线路板固定螺钉

（3）取下风扇电源排插，如图 6-34 所示，取下电路板，如图 6-35 所示。

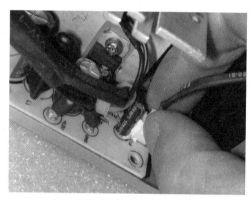

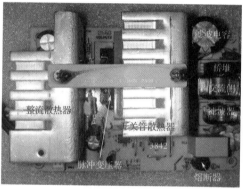

图 6-34　取下风扇电源排插

图 6-35　取下的电路板

4．典型故障维修指南

1）无电压输出，熔断器完好，开关管对地限流保护电阻 R25 无开路

（1）先检测 C2 两端电源是否为 290～300V，低于正常值应检查桥堆 DB1 和滤波电容是否开路。

（2）检测 UC3842 的 7 脚的 16～15V 供电是否正常，没有电压，就检查启动电阻 R6、R7、R8、R41 是否开路，第 7 脚对地稳压管 ZD1 和滤波电容 C4、C5 是否短路。

（3）检测 3842 的 7 脚有电压但是低，多半是 C5 容量不足。

（4）如 2、7 脚电压正常；关机测 300V 电压消失速度，能很快消失，那电源起振，应重点检查次级整流滤波电路；如电压消失很慢，则为 UC3842 未起振，检查 UC3842 的 1、2 脚外围元件 R38、C14、D5、D4、C17 等，必要时需更换 UC3842。

（5）2、7 脚电压低且波动较大，则应先检查光耦 U3 以及其热地侧周边器件、冷地侧的基准电源 U4（TL431）和其周边元件，表 6-1 反映了 UC3842 各脚电压及对地电阻的参考值。

表 6-1 UC3842 各脚电压及对地电阻的参考值

引脚序号	电压(V)	功能说明	黑笔接地 ×1k 挡对地电阻（kΩ）	红笔接地 ×1k 挡对地电阻（kΩ）
1	3.6	保护控制	6.5	9.4
2	2.5	电压反馈 /EW 输入	6.5	8.3
3	4.7	电流反馈	6.9	9.4
4	1.8	电压反馈	6.4	12.2
5	0	地	0	0
6	6.1	输出	6.3	32.0
7	13 ～ 17	电源	6.5	60.0
8	5.0	电压基准	3.5	4.0

2）无电压输出，熔断器严重烧毁

（1）测量交流滤波电容 CX1、CY1、CY2、压敏电阻是否短路，滤波电感是否绕组间短路（这个可能性较小）。

（2）测量桥堆 DB1 和滤波电容 C1、C2 是否短路。

（3）测量开关管 Q1 是否短路，如短路则 R25 基本会开路、U1 基本会被击穿，均需更换，此外还要检查 D3、R15 是否损毁，Q1 的型号是 8N60（N 沟道增强型，8A600V）更换时主要考虑用 N 沟道增强型的 MOSFET，电流和耐压都不能低于原来器件的标准；更换所有损毁器件后应在熔断器处接 60 ～ 100W/220V 白炽灯泡再通电，空载白炽灯灯丝闪亮后才会几乎不亮（滤波电容充满的电现象）这才属完全修复正常，可更换同规格熔断器。

3）输出电压偏离正常值较多

（1）如 +12V 电压偏低，应重点检查 D8、C10、C11、C12。

（2）检查光耦 U3 及其热地侧周边器件、冷地侧的基准电源 U4(TL431)和其周边元件，重点检查 R28、R29、R30、ZD2、R34、U4 及 R31、R32、D9、Q5、R39、C23 等。

4）电源会过热保护或损坏，风扇在高温时也不转

（1）检查风扇是否缺油，转动是否灵活（风扇的拆装，加油过程前面已经做过示范）。

（2）风扇是否开路损坏。

（3）温度控制检测电路是否工作正常，Q2 是否损坏、温敏电阻是否损坏或脱落，R21 是否开路等。

6.2.2 整机简单故障的判断与维修

嵌入式硬盘录像机常见故障现象及解决方法如下。

1. 硬盘录像机启动故障

1）无法开机

这类故障现象一般为电源输入电压不稳定或过低，开关电源不良所引起，一般检测

电源输入及开关电源输出是否正常，条件允许请更换电源再测试。

（1）插上 220V 电源后，打开电源开关，面板 POWER 灯不亮，机箱风扇不转，则可能是电源线或开关电源坏。

（2）插上 220V 电源后，打开电源开关，面板 POWER 灯亮且为绿色，面板其余指示灯不亮，且机箱风扇不转，则可能是面板电缆线坏或面板坏。

（3）插上 220V 电源后，打开电源开关，面板 POWER 灯亮且为绿色，但面板其余指示灯立刻全部亮起，且机箱风扇不转。则可能是主板上 ATX 插头松动，未插到底。

2）进入系统后反复重启

这类故障出现多为主板问题或是主板与其他连接线连接不良；或是硬盘的问题引起的故障；或是散热不良，灰尘太多，机器运行环境太恶劣；或是开关电源不良；或是硬盘有坏道或硬盘问题；或是升级了错误的程序。

3）电源开启后，主机不能启动

（1）这类故障一般是外界电源功率未达到 DVR 本机要求的功率，检测外界输入电压是否正常。

（2）部分机型面板数据线没有插紧脱落，也可造成主机不启动。

4）机器启动后，一段时间没有操作，机器自动关机

这类故障可能是因为机器检测到没有任何方式的录像设置（一些 DVR 出厂默认设置中，所有定时录像设置时间段、报警设置时间段都设置为零），在一定时间后，自动进入待机状态。如果不需要自动待机，只要将第一通道的定时录像设置参数的最后一个时间项的日期设置为高峰段，时段 1 设为 00：00—23：59（或设置为客户不想机器关机的时间段），机器则 24 小时不会自动关机。

2．硬盘录像机硬盘故障

1）硬盘录像机启动后找不到硬盘

这类故障首先检查硬盘电源线是否接上，硬盘电缆线是否损坏，硬盘跳线是否错误，硬盘是否损坏，硬盘是否格式化过。

2）硬盘显示容量不正确

此类故障可能是硬盘的跳线不正确，或是数据线不良，或是活动硬盘架有问题等其他多种综合因素，在条件允许的情况下，可拆下硬盘挂到个人电脑上检查硬盘状态。

3）录像状态下监看或回放时画面有规律性停顿

此类故障可能是硬盘坏磁道太多，建议对磁盘进行完全扫描，确定其状态，若硬盘正常，可能为数据线或是主板 IDE 问题。

4）菜单操作时响应非常缓慢

此类故障可能是硬盘选择跳线模式错误，请严格按主从跳线方法跳线，同时按照说明书上标明的硬盘购买。

5）系统初始化不能通过

这类故障一般是硬盘有划痕，请检测硬盘是否有损坏，或是硬盘是否存在逻辑错误。

6）机器一直停在硬盘检测画面

出现此现象是表示硬盘不能正常工作。请检查硬盘数据线的连接是否正确、主从跳线设定是否为"主 Master/ 从 Slave"方式。一些 DVR 产品必须使用主、从方式，并且必须符合硬盘使用规范。判断故障是否因为硬盘引起，只要把硬盘取下，开机即可。正常情况下，在没有硬盘时，主机可以正常启动。

3．硬盘录像机视频故障

1）硬盘录像机开机后，V_{-OUT} 上连接的监视器无图像。

此类故障可能是监视器所连接的视频线坏；或是硬盘录像机的接口板坏；或是盘录像机的主板坏。

2）视频输出色彩偏色

可能是监视器或是显示器附近有强磁干扰，建议仔细检查现场环境；如果故障仍然存在，就是主板故障或 VGA 端子与联机信号线内部分线缆接触不良造成的。

3）图像水波纹明显，出现干扰失真

首先，请检查视频接线是否存在短路或断路，或者是虚焊及连接不好的情况；其次，检查视频电缆受到强电干扰，视频电缆不可以和强电线路一并走线，同时请选用质量较好的屏蔽线缆；再次，请检查摄像机或监视器及线路是否存在老化问题；最后，在整个系统中，只能采用中心机单点接地，不能使用多点接地，否则会引起共模干扰。

4）屏幕有条状波纹

此类故障可能是机内电源不良引起，先更换电源进行再测试；如电源更换后仍然有故障，可更换主板试试。

4．网络故障

1）网络不通

此类故障可能是线路不通或是网络设备连接错误所引起，如确认线路通畅或是网络设备连接正确后故障仍然存在，再对 DVR 本机设置进行确认如 IP 地址、网络端口及MAC 地址。

2）客户端与 DVR 主机相连时，只能打开某一通道的视频

此类故障是 DVR 主机与客户端软件的型号不匹配，如本机使用了的客户端软件，请确认 DVR 主机与客户端软件是否匹配。

3）网络能连通，但不能升级

此类故障是升级文件错误或是客户端对应的版本和机型不匹配，请确认上述条件正确后再升级。

4）在客户端无法进行视音频网络传输

此类故障可能是在客户端界面上的"本地配置"中输入的硬盘录像机 IP 地址、端口号、用户名、密码中的一项或多项不对；或是网络线不好；或是主板的网络接口坏。

5．外围故障

1）无法触发报警

此类故障为前端报警设备未能触发 DVR 主机，造成此类故障的原因是报警设备未能

按正常接线方式安装，或是 DVR 主机报警板已经损坏，需更换报警板。

2）硬盘录像机的 RS-485 接口上连接的云台不受控制。

此类故障可能是 RS-485 接口电缆线连接不正确；或是云台解码器类型不对；或是云台波特率、协议、地址编码等参数不正确；或是主板的 RS-485 接口坏。

3）无法控制云台或是其他设备

此类故障在排除了以上等因素后，则很可能控制云台的芯片已经损坏。

4）面板个别按键操作无效

（1）个别按键接触电阻很大。

（2）按键矩阵某条铜箔断路，这种情况往往是与之相连的所有按键均失效。

6.2.3　主板原理及典型故障维修

大华 DH/DVR0404LE 嵌入式硬盘录像机的主板器件分布如图 6-36 所示，硬件系统构架如图 6-37 所示，其启动流程是这样的：开机上电，主板提供 +5_STB，前面板单片机（89S52）工作，控制电源开机信号（PWR_S）拉低电源部分开始工作。

电源正常工作后 CPU 开始工作，首先是串口初始化，以便启动信息能通过串口输出显示，接着读取主板上的软硬件版本信息，之后的程序执行和实现功能均按照启动时读到的软硬件版本号区别响应。

系统初始化 PCI 总线、PCI 控制器、SiI3114 设备、Hi3512RBC 设备、LCMXO256 设备，接着启动网络服务、高速串口、网卡驱动、Flash 设备驱动、USB 驱动，加载各文件系统、加载实时钟模块、加载 SATA 模块、Hi3512RBC 模块等。最后启动应用程序，进入正常程序的运行。

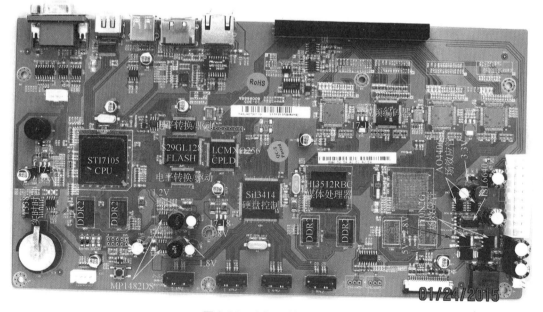

图 6-36　主板器件分布图

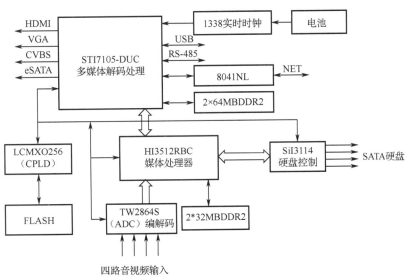

图 6-37　主板硬件构架图（著者测绘，仅供参考）

1．实时图像异常

实时图像流程：视频信号从 BNC 头输入，经过阻抗匹配（75Ω）后通过耦合电容（2.2μF）进入模/数转换及画面分割芯片 TW2864S（见图 6-38），转换为数字信号后送 3512 编码，压缩后的信号通过 PCI 总线到 TW2864S 进行菜单叠加和数/模转换输出。即 BNC 头→视频 A/D 转换 TW2864S → Hi3512 压缩编码→ CPU（STI7105）→视频接口。

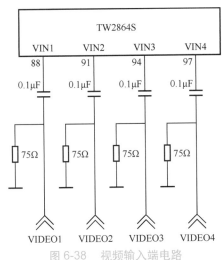

图 6-38　视频输入端电路

（1）某通道无图像：用万用表测量相应阻抗匹配电阻的阻值（75Ω）和对应电感判断是否损坏；用万用表的二极管挡测量电容两端与正常电容相比较后确认电容是否损坏；用万用表的二极管挡测量耦合电容与 TW2864S 连接端的阻值，与正常通道相比有偏差则表示 TW2864S 损坏。

（2）4 路全无图像：用万用表的二极管挡测量偶合电容与 TW2864S 连接端的阻值，

判断TW2864S是否烧坏。测量54MHZ晶振是否正常。TW2864S供电电压2.5V是否正常。可以用万用表或示波器测量输出是否正常。

2. 网络或本地回放图像异常

录像流程：视频模/数转换→Hi3512RBC压缩编码→硬盘接口芯片（SiI3114）→硬盘存储。

回放流程：硬盘→硬盘接口芯片（SiI3114）→Hi3512RBC解压缩→STI7105数/模转换输出。

（1）无码流：首先判断TW2864S及Hi3512RBC的工作电压、时钟信号。确定CPLD芯片是否正常（可以通过在线烧录来确定）。确定TW2864S是否正常（用示波器测量M_VDOY0-7信号与正常板子比较）。如不正常则可能33排阻不良或TW2864S不良。如果TW2864S不良，则M_VDOY0-7上的8位数字信号会有异常或无输出。如以上问题都排除则基本可以确定Hi3512RBC或Hi3512RBC内存不良。

（2）码流正常回放异常：由于主板信号无法测量可以将有录像的硬盘放到正常主板上回放，如正常则基本可以确定是解压缩模块（STI7105或内存）不良，如不正常则基本可以确定是压缩模块（Hi3512RBC或内存）不良。此外还需要排除TW2864S不良，可以先看一下网络上是否也这样，如果网络实时好，回放不好可以判断为SiI3114或硬盘不好，如果网络实时也不好可以判断为前端（TW2864S）问题。

3. 网络不通

常见故障：网卡芯片U21（KSZ8041）不良、网络变压器T1（H1102）不良。

网络不通维修分析：先确定U21（KSZ8041）供电3.3V、1.8V是否正常。一般U21（KSZ8041）芯片虚焊、连锡及损坏的情况比较常见，可以先做更换来确定U21（KSZ8041）是否不良。再判断保护二极管是否烧坏，可以用万用表测量1、3、5、7信号脚是否对地短路。如果网卡和网络变压器都正常则可能CPU（STI7105）虚焊或损坏。

4. USB检不到

USB检测不到维修分析：首先可以用万用表测量USB接口的第一脚+5_USB电压，如无5V电压则可以检测U33（MIC2506）的3.3V和5V供电，正常则可以更换U33（MIC2506）来确定是否不良。由于USB是直接挂在CPU（STI7105）上，如+5_USB正常，则基本可以确定是CPU（7105）不良或有虚焊。

5. 存储问题

硬盘检测不到维修分析：判断硬盘接口和接口电容正常无撞坏痕迹。先测量SiI3114供电3.3V，内核电压1.8V，如内核电压1.8V不正常主板会导致无法启动，所以正常启动检测不到硬盘一般不会是1.8V不良。测量SiI3114时钟（25MHz）。都正常则可以更换SiI3114并确认是否不良。如还是异常可能PIC总线上有不良，或者外围阻容件不良。

6. 主板不上电

电源开机输出5VSB电压供前面板，前面板单片机工作输出PWR_S信号，通过电平转换电路形成PS-ON信号控制各组电源模块工作，主板上电，主板电源部分如图6-39所示。

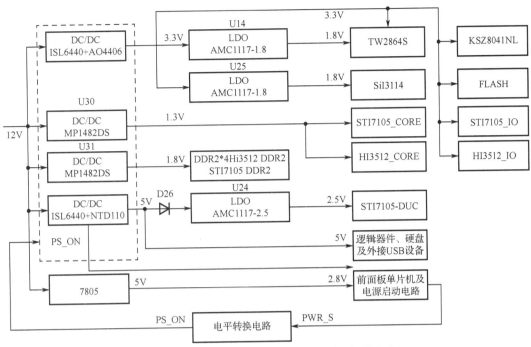

图 6-39　主板电源部分框图（著者测绘，仅供参考）

不上电维修分析：首先测量 5VSB 电压工作是否正常，不正常则电源坏。再用示波器测量 PWR_S 信号低电平为正常，如是高电平则说明前面板控制信号出错。再测量 PS-ON 信号高电平正常，如为低则说明电平转换电路不良或其工作电源 +12V 不正常。

7. 无法启动

软件启动过程：在保证主板 FLASH 程序和 CPLD 程序正常的情况下，主板上电后首先 CPU（7105）读取 Flash 中 armboot 在内存（K4T1G164QQ）中运行，再从 Flash 中读取应用程序放入内存中运行，主板启动。

常见故障原因如下：

（1）内核电压 1.2V 不正常；

（2）54MHZ 晶振不良；

（3）CPU 晶振不起振；

（4）复位芯片 811 不良；

（5）CPLD（LCMCO256）损坏或程序出错；

（6）Flash 程序丢失或出错；

（7）CPU（STI7105）损坏或者虚焊；

（8）CPU 内存不良；

（9）压缩芯片 Hi3512 检测不到。

维修分析：先用示波器测量工作电源 +5V（L14）、+3.3V（L13）、+1.8V（L5）、+1.2V（L7）均为正常，再测量晶振 X6（30MHZ）、X5（36MHZ）、X3（27MHZ）是否起振。然后测

量 3.3V 电源是否正常。再测量电源模块 U24（AP1116-2.5）第 2 脚 2.5V 为正常。以上都正常的情况下可以考虑更换内存 U35、U38（1G164QQ），如还是无法启动则基本可以确定 STI7105-DUC 不良。

6.3 网络硬盘录像机（NVR）的结构认识

6.3.1 NVR 拆解与认识

网络硬盘录像机（Network Video Recorde，NVR）是在 DVR 基础上发展而来的。它在硬盘录像机的基础上专门突出网络存储显示等功能，其实是一套硬件配合软件平台的网络图像存储处理的计算机系统，具有对图像/语音进行长时间录像、录音、远程监视和控制的功能，NVR 集录像机、画面分割器、云台镜头控制、报警控制、网络传输，还支持网络通道设置、多数据格式组合、多协议转换、智能化处理、多平台联动等多种功能于一身，在价格上也逐渐占有优势，一般 NVR 都配合平台进行智能化处理联动的，如海康 iMVS4200 平台、大华 PSS 平台。这里以海康 NVR 嵌入式网络硬盘录像机为例，介绍嵌入式网络硬盘录像机的拆解，认识其结构。

（1）拧下后面板、两侧板的固定上盖板的 8 枚黑色 M3×6 螺钉，如图 6-40 所示。

（2）用手向后推，待上盖板嵌入前面板部分全部露出后，卸下上盖板，如图 6-41 所示。

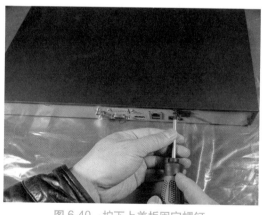

图 6-40 拧下上盖板固定螺钉

图 6-41 卸下上盖板

（3）将硬盘供电电源连接线锁扣用手压住，然后向上提，拆除硬盘供电电源侧连接线如图 6-42 所示。

（4）翻转机壳松开（不需要取下）底板上固定硬盘的螺钉如图 6-43 所示，翻回机壳拔掉 SATA 的硬盘数据线，并往左方向轻轻推提硬盘，取下硬盘如图 6-44 所示。

144

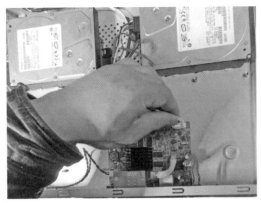

图 6-42　拆除硬盘供电电源侧连接线

图 6-43　松开底板后面硬盘固定螺钉

（5）拆下剩余的电源开关接插件、前面板指示灯排线、前面板 USB 排线、后面板上报警量输出模块的排线，如图 6-45 所示。

（6）拆下 2 枚 VGA 显示输出口的六角形固定螺钉，如图 6-46 所示。

（7）拧下 3 枚 M3×8 主板固定螺钉，如图 6-47 所示，取下主板。

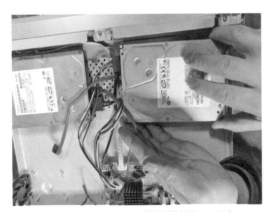

图 6-44　拔掉 SATA 数据线并取下硬盘

图 6-45　拆除主板所有连接线

图 6-46　拧下 VGA 六角形固定螺钉

图 6-47　拧下主板固定螺钉

拆下主板的元件面正面如图 6-48 所示，在主板上有 3 组视频输出口，复合视频、VGA 和 HDMI 接口，有风扇接口、USB 接口、面板指示灯接口、硬盘数据口、硬盘电源口、电源开关口和 IP 网络口等。主板的背面如图 6-49 所示。

图 6-48　主板正面

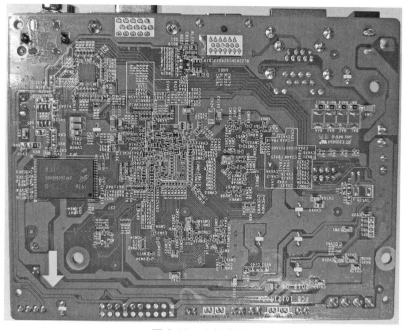

图 6-49　主板背面

6.3.2 NVR 回装

（1）将主板放入 NVR 机箱中，旋入 3 枚 M3×8 主板固定螺钉，固定主板。

（2）旋上后板上 2 枚 VGA 显示输出端口的六角形固定螺钉。

（3）按拆卸时对应位置插上电源开关接插件、前面板指示灯排线、前面板 USB 排线、后面板上报警量输出模块的排线等。

（4）翻转机壳装上硬盘，并旋紧硬盘固定螺钉。

（5）插上硬盘供电电源插口和 SATA 数据线。

（6）盖上上盖板，紧固后面板和两侧的紧固螺钉。

6.3.3 NVR 的维修思路

从本机拆解的情况来看，其主要有四大块部件：外接电源、硬盘、主板、风扇。各部件独立性较大，除主板外，成本也不算太高，因此维修思路应该是首先判断故障大致位置。图 6-50 为 NVR 检修的测量的基本流程图。

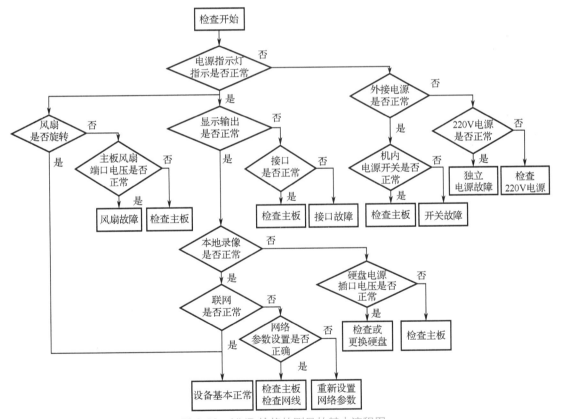

图 6-50　NVR 检修的测量的基本流程图

对于主板主要测量几个电压，外接适配器电源、硬盘电源接口的 +12V、+5V 电压及中央处理器的 3.3V、1.8V 等电压，这些可以参考 6.2.3 节相关内容。在实际工程应用时

NVR 的集成度比较高，一般硬件损坏率不高，但很多都是参数、功能模块等配置出错，而造成故障较多，所以对于 NVR 的操作使用说明书要认真读懂并能熟练配置。

6.4 实训与作业

6.4.1 课内实训

实训项目 6-1：DVR 拆卸与回装

请按照 6.1.1、6.1.2 的步骤和方法拆卸 DVR 的拆卸与回装并填写表 6-2。

表 6–2 拆卸 DVR 拆卸步骤

拆卸步骤	拧下螺钉数目	螺钉规格	完成内容
1			
2			
3			

实训项目 6-2：DVR 开关电源的测量与故障模拟

请按照 6.2.1 的步骤和方法拆卸 DVR 开关电源并填写表格 6-3，然后测量相关位置的电压。

表 6–3 DVR 开关电源拆卸步骤

拆卸步骤	拧下螺钉数目	螺钉规格	完成内容
1			
2			
3			

（1）测量 C1 两端电压，正常值为 290 ～ 308V。

（2）测量 UC3842 第 7 脚对地电压，正常值为 13 ～ 14V。

（3）测量 UC3842 第 8 脚对地电压，正常值为 5V。

（4）取下 R4 后，测量 UC3842 第 7 脚对地电压，测量输出端 12V 的电压。

（5）取下 C1 后，测量 C1 原来位置两端电压，测量输出端 12V 的电压。

（6）取下 C5 后，测量 UC3842 第 7 脚对地电压，测量输出端 12V 的电压。

6.4.2　作业

1．如图 6-39 所示 R6、R7、R8、R41 电阻失效时电容 C1、C2 上的电压大约是____V（AC 还是 DC），开关电源会_____工作。如果 C1、C2 失效时它们两端的电压比正常值_____（高还是低）。

2．主机电源不启动，熔断器完好，参照图 6-30，指出产生这种现象的主要原因。

3．参照图 6-30，说明光耦 U3 的作用是什么？

4．主板与面板之间的排线不连上，打开录像机后面的电源开关，主板上的 1.2V、1.8V、2.5、3.3V 电压是否有？为什么？

5．硬盘录像机的开关电源只有有 ±12V 输出，但主板上有 5V 输出，是怎样产生的？

6．在硬盘录像机主板板上，SiI3114 、Hi3512RBC 和 LCMXO256 分别是什么芯片，在 DVR 中主要完成什么作用？

7．参照图 6-42 说明主板上的主要电压规格及它们各自的作用是什么？

8．简要说明 DVR 和 NVR 的区别。

9．请简要说明硬盘录像机风扇的作用及风扇停转后可能引起的故障。

10．怎样判断硬盘录像机故障是在硬盘上还是主板上？

11．简要阐述图 5-51 中相关内容，说明几种故障的基本判断方法。

12．在 NVR 调试中如果前端有多中种品牌的 IPC 摄像机混用，设置时建议采用哪种格式的数码流？

第7章 终端监视设备简单故障维修

概述

监视器是安防视频监控系统中的显示终端（人机窗口），前端摄像机、线路、DVR等构成的整个系统由它直接呈现给用户，所以它的参数性能、基本电路结构和简单故障维修技术是安全防范安装维护中不可缺少的技能。通过本章的学习，使学生掌握网络视频解码器和 LCD 监视器的拆卸和重装技能，对其基本参数、原理能更深刻地理解，掌握维修典型故障的能力。

学习目标

1. 了解 LCD 监视器的基本结构，并掌握拆解技能；
2. 了解 LCD 监视器的参数性能；
3. 掌握电路基本构成（单元电路和积木化电路结构）；
4. 通过对 LCD 监视器各基本电路的典型故障形成原因的分析和维修，提高对监视器故障的判断和维修能力。

7.1　LCD 液晶显示器简单故障的维修

LCD 液晶显示器
的拆解过程

7.1.1　LCD 液晶显示器的拆解

以瀚视奇 HW191A 液晶显示器为例介绍拆装的完整过程。

（1）首先取下底座的四颗 M4 的螺钉，如图 7-1 所示（放置于防静电盒内），再轻轻拉出分离底座，使机子和底座分离，如图 7-2 所示。

图 7-1　拆下底座的螺钉

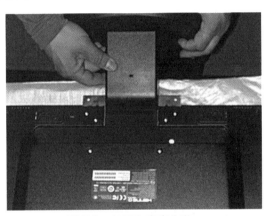

图 7-2　机子和底座分离

（2）用起子对准显示器边框上的棱缝轻轻撬开并露出卡扣，如图 7-3 和图 7-4 所示。

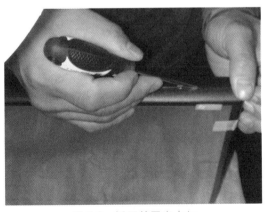

图 7-3　撬开并露出卡扣

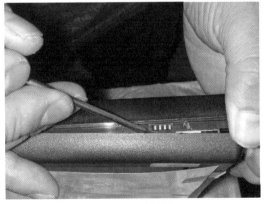

图 7-4　放大的卡扣

（3）将塑料扎带插入撬开的分口处并拉动扎带使前后塑料壳逐步顺利分开，如图 7-5 所示。如果受到阻力就压住扎带头用力拉，如图 7-6 所示。

151

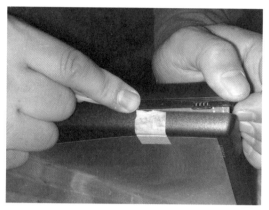

图 7-5　插入塑料扎带

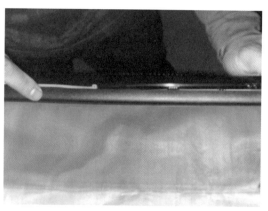

图 7-6　用塑料扎带拉动

（4）完全分开前面板塑料框架并取下框架，如图 7-7 所示。慢慢分开后面板框架并取下框架，如图 7-8 所示。注意有很多信号线连接处，用力不能过猛，要轻拿轻放。

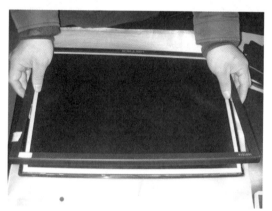

图 7-7　取下前面板框架

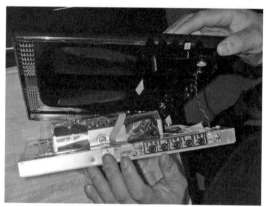

图 7-8　取下后面板框架

（5）拔掉后面板上两侧扬声器连接线，如图 7-9 所示。卸下按键开关控制线路板的两枚圆头 M4×6 的螺钉，如图 7-10 所示。

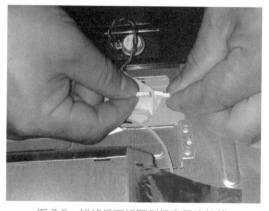

图 7-9　拔掉后面板两侧扬声器连接线

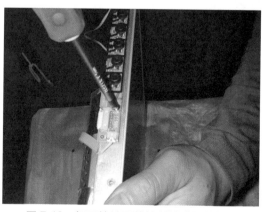

图 7-10　卸下按键开关控制线路板的螺钉

（6）拔掉按键开关控制线路板两根排线并取出按键开关控制线路板，如图 7-11 所示。

（7）卸下两侧面四枚 M 4×6 的螺钉，如图 7-12 所示。分离主板和液晶屏，如图 7-13 所示要注意 LVDS 线（上屏线）、背光灯线还未拔下不能用力过大，轻轻撬开就好，用双手慢慢拉出 LVDS 扁平电缆线，如图 7-14 所示。

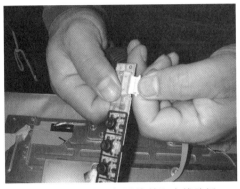

图 7-11　拔掉两根排线并取出线路板

图 7-12　卸下两侧面螺钉

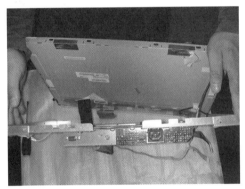

图 7-13　分离主板和液晶屏

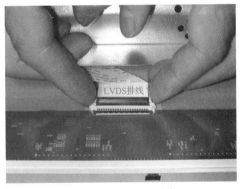

图 7-14　分离 LVDS 线

（8）分离两条背光灯排插线，如图 7-15 所示。再完全分离开液晶屏和主线路，如图 7-16 所示。

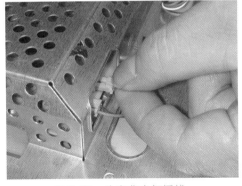

图 7-15　分离背光灯插线

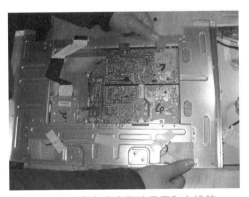

图 7-16　完全分离开液晶屏和主线路

153

（9）在后铁壳内有三块线路板分别是电源、伴音功放、VGA 解压控制板。卸下电源和高压板上的螺钉，如图 7-17 所示。完全分离的电源和高压板焊点面如图 7-18 所示，电源和高压板元器件面如图 7-19 所示。卸下功放板的两枚螺钉，拆出功放板，如图 7-20 所示。

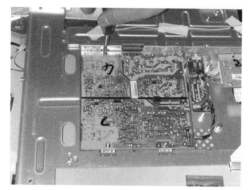

图 7-17　卸下电源和高压板上的螺钉

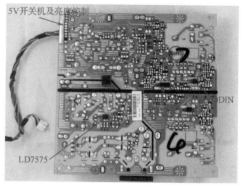

图 7-18　电源和高压板焊点面

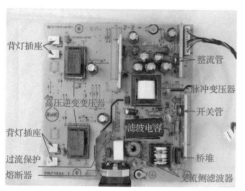

图 7-19　电源和高压板元器件面

图 7-20　卸下功放板的两枚螺钉，拆出功放板

（10）用尖嘴钳拧下 VGA 接口的两枚方形螺钉，如图 7-21 所示。卸下 VGA 解压控制板上的两枚 M4×6 的密纹螺钉，卸下 VGA 解压控制板，如图 7-22 所示。VGA 解压控制板的元件面如图 7-23 所示。

图 7-21　用尖嘴钳拧下 VGA 接口的两枚方形螺钉

图 7-22　卸下解压控制板

7.1.2　LCD 液晶显示器的回装

（1）回装电源和高压板。拧上 4 枚 M4×6 的螺钉和电源插口保护地线的螺钉，功放板拧上 2 枚 M4×6 的螺钉，VGA 解压控制板是对角安装的 2 枚 M4×6 的螺钉和外壳上的方形螺母，如图 7-24 所示。

图 7-23　VGA 转换控制板的元件面　　　　图 7-24　装上各块电路板并拧上螺钉

（2）液晶屏和铁后壳的回装，盖上铁后壳插上 4 只背光灯插座，插上 LVDS 线（上屏线），引出面板键控板的插线，拧上两侧的 4 枚沉头 M4×6 螺钉。

（3）插上面板键控板的插线，拧上 2 枚 M4×6 的螺钉，注意固定键控板黑色塑料按钮要对准线路板上的轻触开关和定位孔；插上塑料后盖上的左右扬声器。

（4）整理好各信号线并用胶带固定牢，盖上塑料后盖，仔细观察有没有信号线落在塑料盖外面。

（5）盖上塑料前面盖板。

（6）压紧前后塑料盖板让框四边的卡扣都完全扣紧，用力压下时可以听到清脆的"啪啪"声响。

（7）装回底座，拧上 4 枚沉头 M4×12 的螺钉，LCD 监视器回装完成。

7.1.3　LCD 显示器原理简介

1．TFT 液晶屏的结构与原理

液晶屏是由两片偏光板和两片玻璃中间加上液晶，再加上背光源组成的。液晶屏内有两片偏光板及两片玻璃，只要加电就可以让液晶改变光的方向。除偏光板外，液晶屏里还包括一片制有很多薄膜晶体管的玻璃，一片有红绿蓝（RGB）3 种颜色的彩色滤色片及背光源。

工作时，液晶显示设备必须先利用背光源，也就是荧光灯管投射出光源，这些光源会先经过一个偏光板，然后再经过液晶，这时液晶分子的排列方式将会改变穿透液晶的光线角度，接下来，这些光线还必须经过前方彩色的滤色膜与另一块偏光板。因此，只

155

要控制液晶扭转光线的多少，就能改变光线的明暗；控制施加在液晶电极上的电压，就能调整光线的穿出量。若要显示彩色的影像，只要在光线穿出前透过某一颜色的滤光片即可获得需要的颜色。

若要产生全彩的影像，就需要光的三原色红（R）、绿（G）、蓝（B），液晶屏幕是由许多小像素点构成的，每个像素点都有 R、G、B 3 个子像素单元，如同 CRT 显示器一般，由于光点小，又排列很紧密，眼睛接收时，就会将 3 个颜色混合在一起，再加上不同明暗的调整（控制液晶的扭转角度），从而形成所要的颜色。TFT 液晶显示设备为每个 R、G、B 子像素都安排了一个 TFT 薄膜晶体管来控制电场的变化，使得它对于色彩的控制更加有效，而不会像被动式矩阵屏幕那样对于快速移动的影像产生模糊不清的效果，TFT 液晶屏的结构如图 7-25 所示。

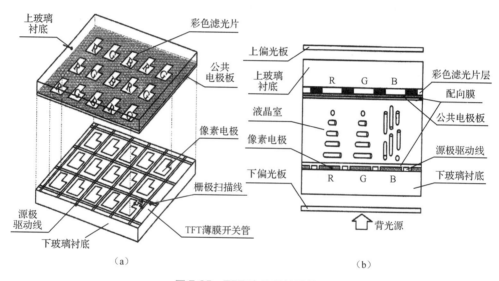

图 7-25　TFT 液晶屏的结构

2. TFT 液晶显示模块（液晶板）的组成

生产液晶显示设备时，液晶显示屏是要和其他部件组合在一起，作为一个整体而存在的。这是因为，液晶显示屏的特殊性及连接和装配需要专用的工具，再加上操作技术的难度很大等，生产厂家把液晶显示屏、连接件、驱动电路 PCB 电路板、背光灯等元器件用钢板封闭起来，只留有背光灯、插头和驱动电路输入插座。这种组件被称为 LCD MODUEL（即 LCM），也叫液晶显示模块、液晶板、面板等。可见这种组件的方式既增加了工作的可靠性，又能防止用户因随意拆卸造成的意外损失。液晶显示设备的生产厂家只需把背光灯的插头和驱动电路插排与外部电路板连接起来即可，使整机的生产工艺也变得简单多了。TFT 液晶显示模块的内部组成如图 7-26 所示。

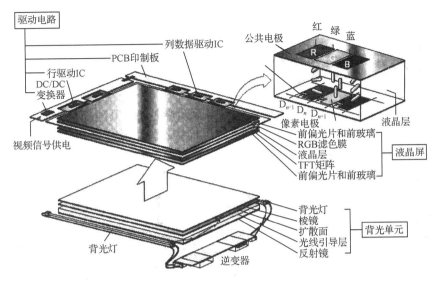

图 7-26　TFT 液晶显示模块的内部组成

　　液晶显示模块中的背光灯一般需要高压，因此，在液晶彩显中，高压由模块外的高压板电路（也称逆变器）产生，经高压插头送往背光灯。根据液晶显示设备屏幕尺寸的大小及对显示要求的不同，背光灯的数量也不同。如早期的液晶显示屏使用一只灯管，一般位于屏幕的上方，后来逐渐发展为两个灯管，上下各一个，现在的笔记本电脑显示屏和大部分台式机的液晶屏较多采用两个灯管；当前，较大一些的液晶屏采用 4 个灯管已经很常见，高端大屏幕的显示器则使用 6 个灯管、8 个灯管，甚至更多。背光灯的数量与摆放决定着屏幕的最大亮度和亮度的均匀性。

　　模块外的主板电路通过排插输入接口和模块内屏控板相连，对这些排插输入接口而言，不同的液晶彩显采用的接口形式不尽相同，有些属于 TTL 接口，有些采用 LVDS 接口。液晶显示模块中的屏控板是一块 PCB 板，其上分布着定时控制器(TCON)、行驱动器、列驱动器和其他元件，液晶屏的驱动信号从这个电路板上经其处理后形成分离出的行驱动信号和列驱动信号，再分别送到液晶屏的行、列电极（即行、列驱动信号输入端）。需要注意的是，不要试图拆卸或修理液晶屏的行列电极的输出和输入接口（包括屏控板在内）；因为在不熟练的情况下，这类故障是无法维修和修复的。

3．液晶显示设备的组成

　　液晶显示设备基本组成如图 7-27 所示，其主板实物照片如图 7-28 所示。下面简要介绍液晶显示设备各电路基本组成和作用。

1）电源电路

　　液晶显示设备的电源电路分为开关电源和 DC/DC 变换器两部分，其中，开关电源用于将市电交流 220V 转换成 12V 直流电源（有些机型为 14V、18V、24V 或 28V）；DC/DC 直流变换器用以将开关电源产生的直流电压（如 12V）转换成 5V、3.3V、2.5V 等电压，供给整机小信号处理电路使用。

157

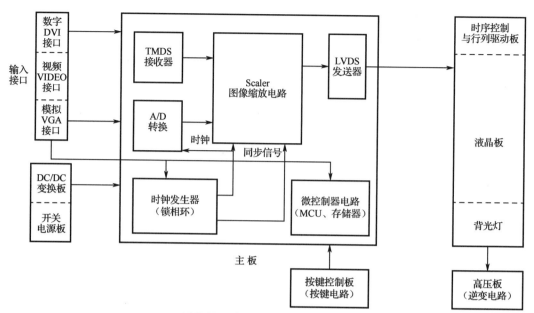

图 7-27　液晶显示设备基本组成

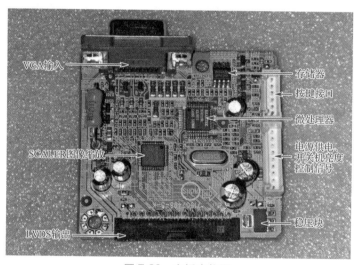

图 7-28　主板实物图

目前,液晶显示设备的开关电源主要有两种安装形式,第一种是采用外部电源适配器,这样,输入显示器的电压就是电源适配器输出的直流电压；第二种是在显示器内部专设一块电源板,即内接方式,在这种方式下显示器输入的是交流 220V 电压。

DC/DC 变换器也有多种安装方式,第一种是专设一块 DC/DC 变换板；第二种是和开关电源部分安装在一起（开关电源采用机内型）；第三种则是安装在主板中。

目前,液晶显示设备的开关电源主要有两种安装形式,第一种是采用外部电源适配器,这样,输入显示器的电压就是电源适配器输出的直流电压；第二种是在显示器内部专设一块电源板,即内接方式,在这种方式下,显示器输入的是交流 220V 电压。

2）输入接口电路

液晶显示设备一般设有传输模拟信号的复合视频信号接口、VGA 接口（D-Sub 接口）和传输数字信号的 DVI 接口。其中，复合视频信号接口可用来直接接入视频信号，VGA 接口用来接收计算机或硬盘录像机输出的模拟 R、G、B 和行场同步信号；DVI 接口主要用于接收主机显卡 TMDS（最小化传输差分信号）发送器输出的 TMDS 数据（一种数字化的彩显信号）和时钟信号，接收到的 TMDS 信号需要经过液晶显示设备内部的 TMDS 接收器解码，才能加到 Scaler 电路中。现在很多 TMDS 接收器都被集成在 Scaler 芯片中了。

3）主板

（1）A/D 转换电路。

A/D 转换电路安装在主板。A/D 转换电路也称数 / 模转换器，用于将复合视频接口及 VGA 接口输出的模拟信号转换为数字 R、G、B 信号，然后送到 Scaler 电路进行处理。早期的液晶显示设备，一般单独设立一块 A/D 转换芯片，现在生产的液晶显示设备，大多已将 A/D 转换电路集成在 Scaler 芯片中。

（2）Scaler 和时钟发生器。

Scaler 电路一般称为图像缩放处理器。通常由一块大规模集成电路组成。它是液晶显示设备的核心电路，用于对 A/D 转换得到的数字信号或 TMDS 接收器输出的数据和时钟信号，进行缩放处理、画质增强处理等，再经输出接口电路送至液晶板，最后液晶板的时序控制 IC 将信号传输至面板上的驱动 IC。Scaler 电路的性能基本上决定了信号处理的极限能力。

液晶显示设备为什么要对信号进行缩放处理呢？这是由于一个液晶面板的像素位置与分辨率在制造完成后就已经固定，但是计算机主机输出信号的分辨率却是不同的，当液晶面板必须接收不同分辨率的信号时，就要经过缩放处理才能适应一个屏幕的大小，所以信号需要经过 Scaler IC 进行缩放处理。

时钟产生电路接收行同步、场同步和外部晶振时钟信号，经时钟发生器产生时钟信号，一方面送到 A/D 转换电路，作为取样时钟信号；另一方面送到 Scaler 电路进行处理，产生驱动 LCD 屏的像素时钟。另外，液晶显示设备内部各个模块的协调工作也需要在时钟信号的配合下完成。显示器的时钟发生器一般均由锁相环电路（PLL）进行控制，以提高时钟的稳定度。早期的液晶显示设备，一般专有一块时钟锁相环电路，现在生产的液晶显示设备，大多将时钟锁相环电路集成在 Scaler 芯片中。

（3）微控制器电路。

微控制器电路主要包括 MCU（微控制器）、存储器等，是整机的指挥中心，都安装在主板上。其中 MCU 用来接收显示器的按键信息（如亮度调节、位置调节等）和显示器本身的状态控制信息（如无输入信号、上电自检、节能模式转换等），然后再对相关电路进行控制，以完成指定的操作功能。

存储器用于存储液晶显示设备的设备数据和运行中所需的数据，主要包括设备的基本参数、制造厂商、产品型号、分辨率数据、最大行频率、场刷新率等，还包括设备运

159

行状态的一些数据，如白平衡数据、亮度、对比度、各种几何失真参数、节能状态的控制数据等。

4）按键电路

按键电路安装在按键控制板上，指示灯一般也安装在按键控制板上。按键电路的作用就是使电路通与断，当按下开关时按键电子开关接通，松开后按键电子开关断开。微控制器可识别出不同的按键信号，然后去控制相关电路进行动作。

5）液晶板接口电路

液晶板与主板接口有多种，常用的主要有以下5种。

（1）第一种是并行总线 TTL 接口，用来驱动 TTL 液晶屏，根据不同的面板分辨率，TTL 接口又分为 48 位或 24 位并行数字显示信号。

（2）第二种接口是现在十分流行的低压差分 LVDS 接口，用来驱动 LVDS 液晶屏。与 TTL 接口相比，串行接口有更高的传输率（可达 Gbps），更低的电磁辐射和电磁干扰，并且，需要的数据传输线也比并行接口少很多，所以从技术和成本的角度看，LVDS 接口都比 TTL 接口好，LVDS 接口已经在 17 英寸以上面板中普遍应用。需要说明的是，凡是具有 LVDS 接口的液晶显示设备，在主板上一般需要一块 LVDS 发送芯片（有些可能集成在 Scaler 芯片中），同时在液晶板中应有一块 LVDS 接收器。

（3）第三种接口是 TMDS 接口，它的数据传输速率比 LVDS 接口更高，使用的传输线也少，尤其是应用在高分辨率液晶屏中更为突出。

（4）另外还有两种接口：RSDS 接口和 TCON 接口，这两种接口使用较少，但由于具有优良的性能，因此，具有较好的应用前景。

6）液晶板（LCM）部分

液晶板也称液晶显示模块，是液晶彩显的核心部件，主要包含液晶屏、LVDS 接收器（可选，LVDS 液晶屏有该电路）、驱动 IC 电路（包含数据驱动 IC 与栅极驱动 IC）、时序控制 IC（TCON）和背光源，如图 7-29 所示（图中的液晶屏分辨率为 1024×RGB×768）。

驱动 IC 和时序控制 IC（TCON）是附加于液晶面板上的电路，TCON 负责决定像素显现的顺序与时机，并将信号传输给驱动 IC，其中纵向的驱动 IC（又称源极驱动 Source Driver IC）负责视频信号的写入，横向的驱动 IC（也称栅极驱动 Gate Driver IC）控制晶体管的开 / 关，配合其他组件的动作，即可在显示器上看到影像。

7）高压逆变电路

逆变电路也称逆变器，其作用是将电源输出的低压直流电压转变为液晶板所需的 600V 以上的高压交流电，点亮液晶板的背光灯，高压电路有的独立设置；有的与电源电路加工在同一块板 PCB 上。

逆变电路主要有两种安装形式，第一种是专设一块电路板，这块板一般称为高压板或高压条（因为其电路板一般较长，为条状形式）；第二种是和开关电源电路安装在一起（开关电源采用机内型）。有的背光灯高压板装在液晶板内部，有的位于液晶板外部。

160

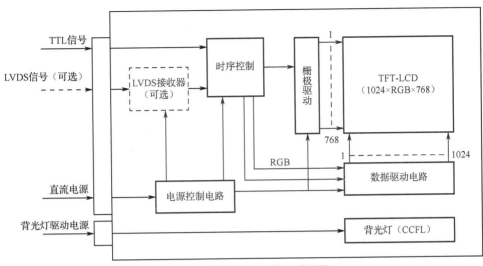

图 7-29　TFT 液晶板的组成框图

7.1.4　电源电路的故障维修

瀚视奇 HW191A 液晶显示器的电源电路图如图 7-30 所示，下面简要介绍其基本工作原理和主要元器件的作用。

1. 工作原理简介

电源经开关加到由熔断器 F901、热敏电阻 NR901、R900、R901、R903、互感线圈 L901、L902、C901、C902 组成的共模滤波电路，DB901 桥式全波整流后成为 310V 左右的脉动直流电，过热敏电阻 FB903 到滤波电容 C907/400V100UF，经开关变压器 T901 的初级线圈（1、3 绕组）过电感 FB901 到开关管 Q900 的阳极、漏极、5w、0.43Ω 电阻到热地。同时 310V 直流电经过电阻 R905/10k 到 IC901/LD7575P 的第 8 脚高压输入端，在电路供电正常时，5 脚输出信号到 MOSFET 管 Q900 上，开关电源初级开始通电工作，开关变压器 T901 的每组级线圈上的感应电压经各组二极管整流和电容滤波得到每组所需电压，开关变压器 T901 的初级线圈 3、4 感应电压经电阻 R910/2R2、D901、C911、C912、C916 到 LD7575 的 6 脚供电端为芯片 IC901/LD7575P 提供正常稳定的工作电压，使电路进入谐振工作状态。

R916、R913、C913 为过流保护取样电路与3脚相连，1脚接的 R911 是锯齿波振荡电阻，决定开关电源的工作频率，2 脚与光耦 IC902/PC123 的 3、4 脚构成热地侧电压反馈控制电路；R922、R923、光耦 IC902 的 1、2 脚、基准电压集成块 IC903/ TC431、R930、R929、R924、R927、D915、ZD922 等构成冷地侧 +12V 电源稳压取样控制电路。

LD7575P 功能引脚如表 7-1 所示。

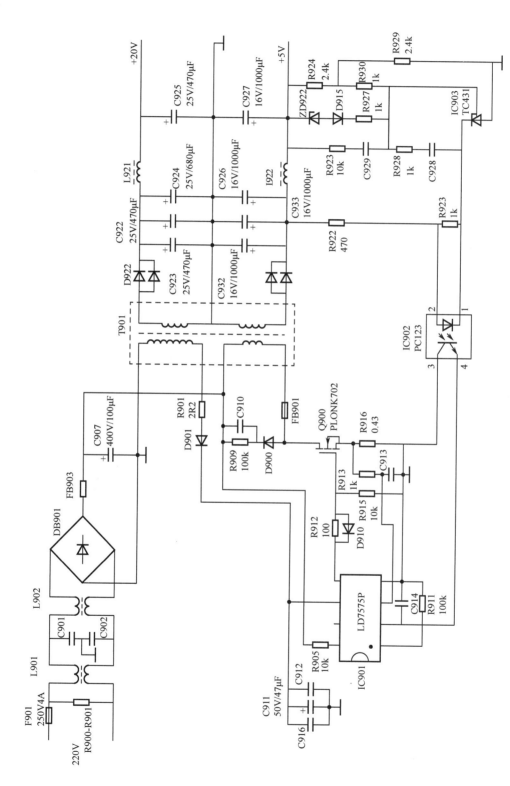

图 7-30 瀚视奇 HW191A 液晶显示器的电源电路图

表 7-1 LD7575P 功能引脚

引脚号	引脚名称	功能
1	RT	振荡电阻连接端
2	COMP	反馈控制信号输入端
3	CS	过流检测信号输入端
4	GND	接地端
5	OUT	场效应管驱动信号输出端
6	VCC	电源
7	NC	空脚
8	HV	启动电压输入端

2．典型故障维修指南

1）无电压输出，熔断器完好，开关管对地限流保护电阻 R916 无开路

（1）先检测 C907 两端电源是否为 290～300V，低于正常值应检查桥堆 DB901 和滤波电容是否开路。

（2）检测 IC901/LD7575P 的 8 脚 HV 供电是否正常。没有电压，就检查启动电阻 R905 是否开路，对第 6 脚的整流管 D901 和滤波电容 C911、C912、C916 是否短路或失效；R901 是否开路。

（3）检测 IC901/LD7575P 的 6 脚有电压但是过低，多半是 C911 容量不足失效。

（4）如 2、6 脚电压正常；关机测 310V 电压消失速度，能很快消失，哪里电源起振，应重点检查该处次级整流滤波电路；如电压消失很慢，则为 LD7575P 未起振，检查 LD7575P 的 1、5、8 脚外围元件 R911、R912、D905、R905、C914 等，必要时需更换 LD7575P。

2）无电压输出，熔断器严重烧毁

（1）测量交流滤波电容 C901、C902 是否短路，滤波电感是否绕组间被击穿。

（2）测量桥堆 DB901 和滤波电容 C907 是否短路。

（3）测量开关管 Q900 是否被击穿短路，如短路则 R916 会被烧毁开路、IC901 会被击穿，均需更换，此外还要检查 D910、R912、R915 是否损毁；更换所有损毁器件后应在熔断器处接 150～200W/220V 白炽灯泡再通电，空载白炽灯灯丝几乎不亮才属完全修复正常，才可更换同规格熔断器。

3）输出电压偏离正常值较多

（1）如 +5V 电压偏低，应重点检查 D921、C932、C926、C927；+20V 电压偏低，应重点检查 D920、C923、C922、C924、C925。

（2）检查光耦 IC902 及其热地侧 C914、冷地侧的基准电源 IC903（TL431）和其周边元件，重点检查 R924、R930、R929、ZD922、D915、R927、R923、C929、R928、C928 等元件。

7.1.5 背光源和逆变电路的故障维修

液晶显示器是被动显示器件，本身不发光。要显示图像就需要为液晶屏提供背光源，常用的有 CCFL、LED、EL 等，应用最多的是 CCFL（冷阴极荧光灯）背光源，由于 CCFL 工作时需要较高的交流工作电压，所以需要一个低压变高压的逆变电路。

1. 背光源

（1）CCFL 是一个密闭的气体放电管，两端是冷阴极（用镍、皓等金属做成无须加热就可发射电子）灯管内冲有惰性气体、汞气，冷阴极荧光灯是个非线性负载，对它的供电必须是交流正弦波频率为 40 ～ 80kHz，任何直流成分都会使气体聚集在灯管的一端，造成不可逆转的光梯度；触发（启动）电压在 1200 ～ 1600V，冷阴极荧光灯管点亮后需要限流，否则会因电流过大而烧毁灯管。CCFL 类似稳压二极管的等效电阻特性，未点亮是高阻，点亮后基本是一个电阻性阻抗。采用 CCFL 背光源需要设法使光源均匀最大量地照射到液晶器件上，这就要背光源采光技术了，采光技术分为背光式和边光式两类。

（2）LED 发光二极管，随着白光 LED 技术不断地进步，现在的液晶显示已经大量使用 LED 做背光了，全面取代 CCFL 只是时间的问题。

（3）EL 无机电致发光是一种直接将电能转化为光能的现象。EL 是加在两极的交变电场而电场激发的电子轰击荧光物质引起电子能量等级的转换从而激发出冷光现象，这种现象叫作电致发光现象。它的特点是高效率、低功耗、发光均匀、亮度低、寿命短、有轻微噪声等，EL 大多用在小尺寸的液晶显示器上。

2. 逆变电路

逆变电路也称逆变器、背光灯驱动电路、高压板等。一般逆变电路输入有四个信号：低压电源、接地端、开启／关断控制端（ON/OFF）、亮度调整端；输出高压端接若干 CCFL 灯管，通常灯管有 1、2、4、6、8 根，这和背光板的尺寸大小有关。

典型的逆变电路采用 ROYEV 结构（罗耶变换器），也称自激式推挽多谐振荡器如图 7-31 所示，电路工作原理如下。

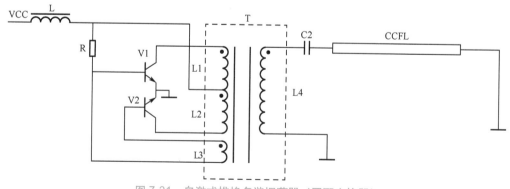

图 7-31　自激式推挽多谐振荡器（罗耶变换器）

R 为 V1、V2 的上偏置电阻，由于 V1、V2 参数不能完全一致，加电压时假设 V1 先导通，使 L1 上有逐渐递增的电流流过，L3 为感应线圈，它的同名端感生正电压使 V1 完全导通，流过 L1 的电流达到最大。变压器的磁通量为最大而饱和，磁通变化率这时为零，感应电动势也为零，使 V1 基极电压下降，V1 由导通逐渐截止，L1 上的电流也逐渐由大变小，磁通变化率由小变大，同时 L3 上的同名端感生的电压由零为负值，它的另一端变为正电压，这时 V1 截止，V2 导通。随着 V2 导通，L3 另一端上的感生正电压更高，V2 进入饱和，L2 上电流达到最大，磁通量达到饱和，磁通变化率这时为零，感应电动势也为零，使 V2 基极电压下降，V2 由导通逐渐截止，L2 上的电流也逐渐由大变小，磁通变化率由小变大，同时 L3 上另一端感生的电压由零变为负值，它的同名端变为正电压，这时 V2 截止，V1 导通。以上就是自激振荡过程。

下面以瀚视奇 HW191A 液晶显示器的背光灯驱动电路为例，它的背光灯驱动电路和电源电路在同一块板上，如图 7-30 所示，背光灯驱动电路如图 7-32 所示。其工作原理如下。

当主控板 ON/OFF 端输出为高电平时，Q802、Q801 和 Q812 导通，电源电压通过 Q801 加到 LT494 第 12 脚（电源端），使芯片上电开始工作。主板的 DIM 信号由 R813、D803 到 TL494 的第 1 脚（误差比较放大）来调整 CCFL 的亮度；Q812 导通的同时，TL494 第 4 脚（死区时间控制端）电压为零，使第 9、10 脚输出 PWM 信号，第 14 脚为芯片内部 5V 基准电压输出，13 脚接 14 脚为高电平，9 脚、10 脚输出相位差 180° 的 PWM 驱动脉冲，分别由 Q811、Q804、MOSFET 对管和 Q810、Q805、MOSFET 对管激励放大，并通过升压脉冲变压器输出 600 ~ 800V 电压为 4 根 CCFL 灯光供电。

TL494 的引脚功能、各状态的工作电压见表 7-2。当后级负载变化或由电源电压的波动引起的高压不稳时，以 CCFL1 回路为例，变化的电压通过取样电阻 R811 由 D801、R814 到 TL494 的第 1 脚输入，负反馈控制 PWM 信号的脉宽，从而达到稳定后级输出的目的。当 CCFL1 开路时，R811 上电压为 0.5V（正常值为 4.1V），D806 导通使 Q808 截止，14 脚内部基准电压通过 R827 使 16 脚电压升高，Q803、Q807 导通，使 1 脚和 6 脚的电压降低，9 脚和 10 脚无脉冲输出。

7.1.6　LED 背光源和恒流源电路及维修思路

LED 液晶显示设备只是将背光灯由 CCFL 灯管改为发光二极管（LED）。LED 光源与 CCFL 光源相比，没有交流高压，所以耗电量更少、使用寿命更长、色域覆盖更广、点亮速度更快，而且使用的材料也更加环保。所以 LED 最终取代 CCFL 成为液晶电视的主流背光源。正因 LED 取代 CCFL，故其背光源对应的供电驱动电路完全不一样，CCFL 需要近 1000V 的工作电压，触发电压则更高，需要逆变电路进行驱动；而 LED 背光通常采用多只 LED 灯串联（称灯条），点亮的电压低则几十伏，高则 200V 以上。所以驱动电路相对比较简单，保护电路不多，检修时相对简单一些。与 CCFL 一样，LED 屏的背光驱动电路有采用单独驱动的，也有采用电源与背光驱动二合一的。

165

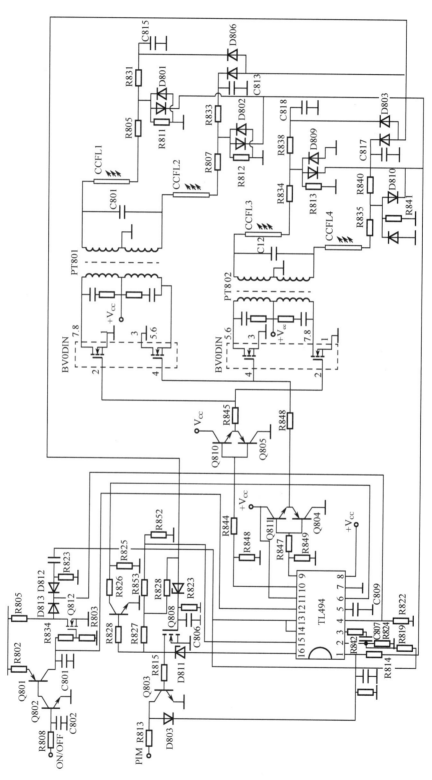

图 7-32　背光灯驱动电路

表 7-2 TL494 引脚功能和实际测量电压值

脚位	功 能	正常工作电压 (V)	关机电压 (V)	过压过流保护电压 (V)
1	误差比较放大器 1 的同相输入端	2.5	0	0
2	误差比较放大器 1 的反相输入端	2.5	0	2.5
3	反馈 / 脉宽调制比较器输入	1	0	4.7
4	死区时间控制端	0	11.6	0
5	外接振荡器定时电容	1.4	0	1.4
6	外接振荡器定时电阻	3.8	0	3.7
7	地线	0	0	0
8	内部输出驱动管 1 的集电极	11.7	13.2	13.2
9	内部输出驱动管 1 的发射极	3.5	0	0
10	内部输出驱动管 2 的发射极	2.4	0	0
11	内部输出驱动管 2 的集电极	11.7	13.2	13.7
12	电源	10	0	12.6
13	输出方式控制，高电平时，⑨、⑩脚输出相位差 180° 的驱动脉冲；接低电平时，⑨、⑩脚被强制输出高电平脉冲	5	0	5
14	内部 5V 基准电压输出	5	0	5
15	（控制）误差比较放大器 2 的反相输入端	2.5	0	2.5
16	（控制）误差比较放大器 2 的同相输入端	0	0	3

在 LED 液晶显示设备中，背光灯驱动板又叫恒流板，是一块可单独工作的板。其工作状态只受信号板上 CPU 的背光开 / 关控制信号和调光信号（PWM）控制。开 / 关控制信号为高低的开关电平，其工作控制方式与 LCD 液晶显示设备中的背光灯驱动板控制方式相同，调光信号（PWM）控制的是 LED 上的电流大小（见图 7-33）。恒流板可采用独立工作方式，也采用强制方式启动使其进入工作状态，为 LED 背光灯提供工作电压。在维修时采用强制方式给 LED 背光驱动板外加工作电压、接地及背光开 / 关控制信号即可。

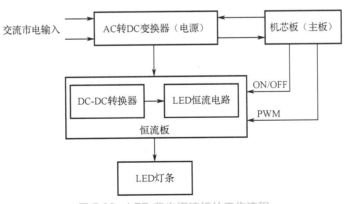

图 7-33 LED 背光恒流板的工作流程

本节以市面上常见的 LED 液晶显示设备的其中一组 LED 背光灯驱动电路为例。图 7-34 是一组 LED 恒流驱动电路，该电路是 LED 液晶显示设备特有的电路，其功能是输出点亮后级 LED 灯条所需的直流电压、电流，同时通过各种过压（OVP）、过流（OCP）、断路（OLP）等保护电路，控制 LED 灯条的工作电流，防止 LED 损坏。LED 驱动电路的核心器件是背光灯控制专用集成电路 OZ9957，它是单路 LED 驱动芯片，内置振荡、关断延时定时器、过流和过压保护、软启动、相移可变调光控制、系统同步控制等多个模块电路，表 7-3 是 OZ9957 引脚功能表。

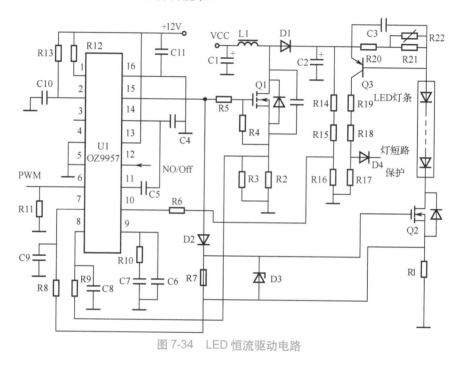

图 7-34　LED 恒流驱动电路

表 7-3　OZ9957 的引脚功能表

脚号	引脚名称	引脚功能	脚号	引脚名称	引脚功能
1	SYNC	同步信号输入	9	SSCMP	软启动和补偿
2	RPTCT	振荡器工作频率设定	10	OVP	过压保护检测
3	RPT	同步信号输出	11	TIMEP	OCP、OVP、OLP 保护延时设定
4	GNDA	模拟地	12	ENA	使能端
5	REST	相位设定	13	Vcc	工作电压输入
6	PWM	PWM 调光信号输出	14	VREF	参考电平输出
7	ISEN	LED 电流检测	15	DRV	外部 MOS 管驱动信号输出
8	IS	升压 MOS 管工作电流检测	16	GNDP	功率接地

LED 背光动灯驱电路正常工作时 U1（OZ9957）的 13 脚为 12V 电源电压，12 脚为高电平（主控板 CPU 送来的 NO/OFF 信号），U1 内部振荡器开始振荡，同时 2 脚的外接

阻容决定振荡器的频率，振荡信号由内电路放大后从 15 脚输出送至 MOS 管 Q1、Q2 的栅极。其中 L1、Q1、D1、R2、R3、C1、C2 等构成 Boost 升压电路，当 Q1 的栅极受 U1 的 15 脚输出信号驱动后，Q1 导通，并在 L1 中形成左正右负的电压，Q1 导通期间能量被储存在 L1 中。当 Q1 截止时，储存在 L1 中的能量通过 D2 向 C2 充电，这时 C2 上的电压，将是电源 V_{CC} 加上 L1 中存储的自感电压后再点亮 LED 灯条。另一路由 Q2、R1、R8、C9、U1 的 7 脚等构成的恒流与检测电路，Q2 为恒流管，R1 为取样电阻，其阻值为 8.3Ω（以使用的 60mA 灯条为例）。当 LED 电流为 60mA 时，取样电阻上的压降正好为 0.5V。该电压就是 U1 设定的灯条正常工作时标准检测电压，经 R8 加到 U1 的 7 脚，7 脚内接电流管理器（基准电压为 0.5V），灯条电流在正常范围内时，取样电压不会超过 0.5V，此时的电流管理器不工作。

当某种原因（如电源的电压升高导致 LED 驱动电压升高，或 LED 灯条中有少量发光二极击穿）导致灯条电流增大时，取样电压就会升高，升高后的电压进入 U1 的 7 脚后，在电流管理器的电压比较器中与基准电压进行比较。当电压超过 0.5V 时，电流管理器就会启动进入工作状态，输出控制信号来调整 15 脚输出的 PWM 开关驱动信号的占空比，使 Q1 的导通时间缩短，从而调整升压电路输出的 LED 驱动电压下降，保证 LED 灯条的工作电流稳定在 60mA，使背光亮度符合要求。

为防止 LED 灯条因过流、过压等原因的损坏，同时也为避免灯条损坏后对电路的影响，LED 驱动电路中设计了完善的保护电路。

1. LED 灯条过流保护

当 LED 灯条出现短路故障，或其他原因导致 LED 灯条电流异常增大时，经过电流取样电阻反馈给 U1 的 7 脚的电压也随之升高。电压高于 0.55V 时，比较器输出高电平加到延时保护器。经延时保护器在短暂延时后，输出关断控制信号，控制驱动电流不输出，从而实现对 LED 灯条过流保护。U1 内部延时保护器在 11 脚外接了一只电容 C5，当收到各保护电路送来的起控电压时，保护器不会立即动作，而是让起控电压对该电容进行充电。当充电电压达到延时保护器设置的阈值时，延时保护器才向后级驱动电路输出关断控制信号，从而实现延时保护。该电路可以有效地避免电路出现的误保护现象，即只有当保护电压持续出现时，才实施保护动作。

2. 升压电路过流检测保护

升压 MOS 开关管 Q1 工作后，会在其源极形成几百毫安的工作电流，该电流经 R2、R3，形成反映电流大小的压降电压。当某种原因导致 Q1 的电流超过设计正常范围时，R2、R3 上的电压就会上升并经 R9 加到 U1 的 8 脚，加到内部比较器的正相输入端，比较器的反相输入端接的是 0.5V 基准电压。当 Q1 源极电流超过 1A 时，其检测电阻上的电压就会超过 0.5V，内接比较器就会发生翻转输出高电平，直接送到驱动输出电路，禁止 PWM 驱动信号从 15 脚输出，使 Q1 停止工作，防止 Q1 因过流而损坏。

3. LED 驱动电压输出过压保护

升压电路输出的 LED 驱动电压如果失控，将会直接烧坏 LED 灯条，所以电路中设计了相应的过压保护电路，驱动电压经分压电阻 R14、R15、R16 进行分压，在 R6 上形

169

成一个检测电压，并送到 U1 的 10 脚的过压检测端。当驱动电压正常时，10 脚电压为 2.3V 左右。如果因某种原因导致 LED 驱动电压升高时，其 10 脚检测电压也随之升高。当驱动电压超过正常值时，R6 上分压上升到 3V 以上，10 脚内部的 3V 电压比较器动作，输出高电平的 OVP 控制信号，再送入延时保护器，并最终控制 U1 驱动电路不再工作，完成过压保护。

4. LED 灯条断路保护

当 LED 灯条内部出现断路，或是电路板 LED 驱动输出插座与灯条之间接触不良时，为防止 U1 的 7 脚内部电流管理器误判为 LED 电流不足，而使驱动电压进一步升高，在 7 脚内部设计了一个断路保护（OLP）比较器。当 7 脚电压低于 0.4V 时，比较器输出高电平的 OLP 控制信号，高电平经过与门后再送入延时保护器，控制驱动信号不输出，实现灯条断路保护。

5. 灯条部分 LED 灯短路保护

由 Q3、R20、R21、R22 等元件组成短路保护电路。当 LED 正常工作或 LED 灯条中只有少量发光二极管击穿短路时，由于流经上述电阻的电流较小，产生压降也比较小，Q3 的基极和发射极的电压降基本相等 Q3 截止。当 LED 灯条有相当部分的 LED 击穿短路时，会使流过灯条的电流大幅增加，此时电阻上的压降就会上升，而使 Q3 由截止转为导通，由 R17、R18、R19 分压从 D4 输出至开关电源短路保护端使其停止工作无电压输出，从而实现短路保护。

6. LED 的调光控制方式

和 CCFL 背光屏一样，LED 液晶显示设备也需要对 LED 灯光进行亮度控制。传统 LED 调光是利用 DC 信号或 PWM 滤波电路对流过 LED 中的正向电流进行调节来实现的。这种方法简单、易于实现，也存在一定的缺陷，原因是正向电流的变化会引起 LED 光学特性变化从而出现色彩漂移。由于人眼对光的颜色反应很敏感，所以 LED 液晶显示设备背光源是不允许出现色彩漂移的，因此 LED 液晶显示设备中常用 PWM 进行调光，即用 PWM 信号对 LED 的工作状态实施控制。考虑到 LED 液晶显示设备由多组 LED 灯条组成，需要多片 OZ9957 分别进行驱动。能保证每个灯条发光的一致性，就需要多个驱动电路同步工作，要求多片 OZ9957 的 1、3、5 脚（即为同步工作相关脚）相连接。采用 OZ9957 作为背光驱动的液晶显示设备中，让其中一片 OZ9957 设定为同步工作主芯片，其他芯片为副芯片，主芯片通过 1、5 脚外接元件设定，3 脚输出同步控制信号到其他集成块，使其他芯片同步工作，保证背光灯亮度的一致性和稳定性。

7. LED 背光灯驱动电路检修思路

（1）LED 背光灯驱动电路（板）损坏后引起的现象主要有：开机后背光灯不亮，或亮一下后随即熄灭。从驱动电路结构看，LED 液晶电视中的背光灯驱动板出故障时，只要屏内部的 LED 发光二极管不是大量击穿短路，机器中的主开关电源应当是工作的。如果 LED 背光灯驱动板中的一组电路不工作，也仅仅是对屏幕上局部光栅造成影响，不会是整个液晶屏都不亮。如果某组 LED 灯不亮，可用指针式万用表的 R×1k 挡或 R×10k 挡测量每只二极管两端的电阻值，正常值为数十欧姆或数百欧姆。如果因为一个 LED 单元出现开路造成整组 LED 灯不亮，应急时可将该 LED 单元短路。短路 LED 单元的方法是用镊子将二极管单元上面的保护膜挑开，用焊锡将二极管内部的正极金属盘和负极金属盘短接即可。实际维修 LED 背光驱动板时，相当于维修开关电源中的 PFC 电路。

（2）LED 液晶显示设备出现故障多为指示灯亮但无光栅。此时若测主开关电源无电压输出，但取下 LED 背光灯的插头后开关电源输出电压能恢复正常。这说明故障在液晶屏内的 LED 背光灯上。要排除故障，要么对屏内的 LED 灯条进行更换，要么对液晶屏进行更换。

取下 LED 背光灯的插头后开关电源仍然无输出电压，且测量背光灯驱动电路中的开关管无击穿短路，同时检查电路中的短路保护电路也正常（可采用断开相应元件方来判断），如指示灯亮，则无光栅故障在开关电源。另一故障是能点亮灯条，但瞬间又熄灭，这显然是属于背光灯保护故障。在实际检修过程中，该故障大都是 LED 灯条断路保护（OLP）起控所致。

（3）LED 液晶显示设备中背光驱动电路由多个电路结构完全相同的单元电路组成。在检修时，只要不是所有单元同时损坏，可以采用对比的方法进行故障范围确定和器件方面维修。所谓对比方法是指通过对地电阻、电压的测量与正常单元电路测量值进行比较。

7.1.7　维修案例

1．三星 153Vs 液晶显示器背光故障维修

一台三星 153Vs 液晶显示器，其故障现象是刚开机背光会亮，但大约 2s 后背灯便自动关闭，背灯亮起时显示正常，背灯灭时工作状态指示灯也指示正常，打开该液晶显示器后盖板，可以看到内有 2 块电路板，一块是电源和背灯高压板，另一块是视频信号处理板，如图 7-35 所示。根据以上现象可以初步断定故障在背光灯的高压板上，该背灯高压板集成块的型号为 BIT3105，其引脚功能如图 7-36 所示。检测该视频处理板的 ON/OFF 输出端子，当面板启动开关按下后，此端子电压从 0 上升到 2V，并保持不变，再测量 BIT3105 的 18 和 13 脚，此时电压也从 0 上升到 7.4V，并保持不变。另外，检测到视频处理板到背灯高压板 B.ADJ 输出端子在按动面板调节亮度时也能随着变化，由此可以初步判断这部分电路基本正常。由于没有电路图，给维修带来了一些麻烦，查阅了一些资料，知道此款液晶显示器的这类毛病很多情况下是由背灯高压板上的三个可调电位器的其中一只变质引起的，如图 7-37 所示。于是检查了这三个电位器，发现其中 VR2 的 50kΩ 的电位器阻值变成了 100kΩ，于是更换了一个 50kΩ 的电位器，本以为故障可以排除，可通电一试发现故障依旧。继续检查，发现电源板输出到背灯高压板的标称 13V 的电压，在启动开机按钮前约为 12.5V，启动开机按钮后电压升至 14.8V，为排除怀疑电源电压过高而引起电路保护，于是将 12V3A 的电源直接接入背灯高压板，故障依旧。接着为排除 CCFL 灯管问题的怀疑，换了一组背灯组，故障依旧；最后只好怀疑高压线圈有短路，由于没有电路图，该机的许多器件是贴片元件，表面焊接，整理电路图有不少困难，于是尝试分别两两断开四个高压线圈的初级，结果故障依旧，在断开高压线圈的初级时

还测量了其初级电阻，结果没有发现开路。

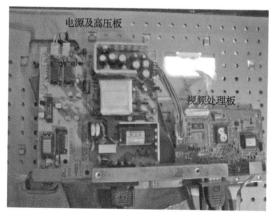

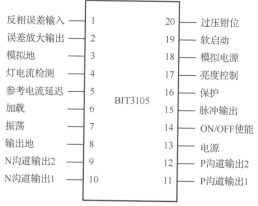

图 7-35　显示器内部图

图 7-36　BIT3105　引脚功能图

反相误差输入→1　　20→过压钳位
误差放大输出→2　　19→软启动
模拟地→3　　18→模拟电源
灯电流检测→4　　17→亮度控制
参考电流延迟→5　　16→保护
加载→6　BIT3105　15→脉冲输出
振荡→7　　14→ON/OFF使能
输出地→8　　13→电源
N沟道输出2→9　　12→P沟道输出2
N沟道输出1→10　　11→P沟道输出1

在整个维修过程中，维修人员忽略了一个重要问题——没有测量各高压线圈的次级回路是否开路或短路。这是因为在观察这四个高压线圈时，仅从线路板正面观察，并没有发现有什么异样。其实测量这四个高压线圈的次级回路的电阻可以发现，三个的次级回路电阻为 0.92kΩ，通过仔细观察另一个次级开路的电路结构，发现其背灯高压板的保护电路不是设置在高压线圈的初级部分上，而是加在高压线圈次级和 CCFL 灯管回路中，而且这种保护电路只有在各次级回路都正常时保护动作不启动，一旦有一个回路没有电流，保护电路就会动作，这就是维修人员在分别断开各高压线圈初级时故障依旧的原因。于是焊下了那个次级开路的高压线圈，发现这个高压线圈的背面有烧焦的痕迹，如图 7-38所示，故障原因是找到了，但如何解决却遇到了麻烦，因为这个高压线圈与笔记本背灯高压线圈非常相似，体积也很小，初级、次级各只有一个绕组，要在短时间内找到一个与这个高压线圈一模一样的几乎不可能，没有绕制参数也没有办法修复，最后维修人员在一废弃的笔记本背灯高压电路板上发现了一个高压线圈，体积和引脚尺寸位置也与那

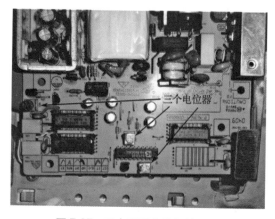

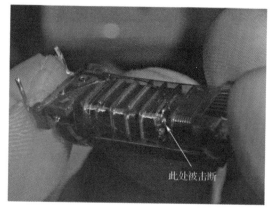

图 7-37　三个可调电位器的位置

图 7-38　受损的高压线圈

个损坏的比较接近,经过测量那个高压线圈,发现它的初级侧有多个绕组,如图7-39所示,其中1—5的直流电阻较2—3—4的大些,6—7的直流电阻约为0.48kΩ,根据以上数据初步推测,2—3—4是其初级主线圈,估计原设计2—3与3—4是对称的,一个流入正半周电流另一个流入负半周电流,与原机高压线圈进行比较,由于工作电压都是12V到13V,于是决定仅使用2—3单侧代替损坏的高压线圈的2—3,至于6—7的直流电阻与原机线圈6—7相差较大,很可能是线径不同引起的,接着按事先的推测把这个替代的高压线圈接入电路。当然在接入电路之前笔者也认真检查了该路功率管子,没有发现异常,最后通电故障消失,连续开机一整天也未见其他异常,功率管的温升与其他三路基本一致。图7-40用是替代高压线圈安装好后的效果图。

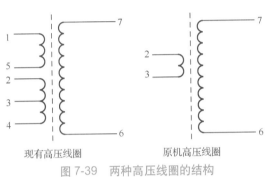

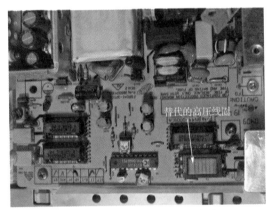

图 7-39　两种高压线圈的结构　　　　　　图 7-40　替代高压线圈安装好后的效果图

2. TCL-LCD20B66 液晶平板故障维修

一台 TCL-LCD20B66 液晶平板出现菜单画面,同时声音越来越小,用按遥控和面板控制键可以将声音调高,但放手后,声音还是越来越小,直到完全无声。根据此故障现象,初步估计为面板上控制键的故障或是单片处理芯片相关引脚上的故障,为了最终确定故障的位置,笔者打开机壳,拆下面板控制电路板,然后通电开机,先将声音调大,再迅速将面板控制电路板上的五脚控制接插件 J1001 拔下,如图7-41电路所示,声音不再会变小,也再没有出现菜单,于是可以判定故障就在面板控制电路板上。接着仔细分析该线路板上相关电路可知,该电路控制信号由接插件 J1001 的第 1 脚(ADC-IN)送到主板CUP,采用模拟数字转换方式完成控制功能,通过不同的接"地"电阻实现不同的控制功能,例如当按下 SW1003 轻触按钮,接"地"电阻为 5.7kΩ —— "声音减小",当按下SW1002 轻触按钮,接"地"电阻为 9kΩ —— "菜单出现",因此按常理首先怀疑是轻触按钮 SW1003 漏电,但用万用表高阻挡测量并没有发现有什么异常,换个新的轻触按钮,故障依旧,接着再仔细检查面板控制电路板的敷铜面,如图7-42所示,发现 R1002 与R1003 连接处与"地"靠近的地方有些污渍,先用利器清理,效果不太理想,后再用酒精药棉反复擦拭,效果明显,重新插上接插件 J1001,通电后故障被排除。

173

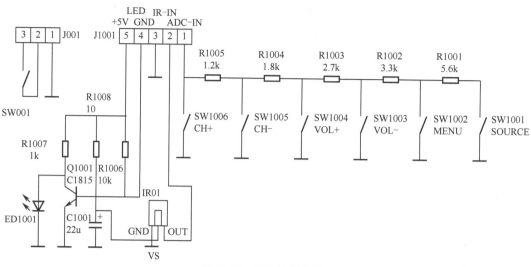

图 7-41　面板控制电路

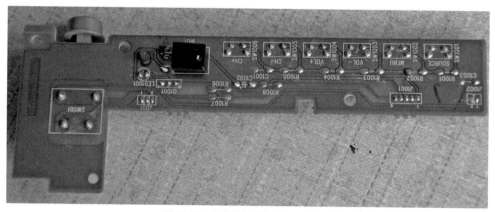

图 7-42　面板控制电路板实物图

7.2　高清解码器简单故障维修

解码器在视频监控系统的显示与存储设备配置过程中应用比较多，具有网络交换、视频图像数码流配置到显示终端上显示（或视频信号上电视墙）功能，还具备对被控信号进行切换、图像压缩扩展、图像显示格式切换、字符添加、自动浏览、联动报警、支持智能分析等功能。

7.2.1　高清解码器的拆解

高清解码器的
拆解过程

下面以海康 DS-6904 解码器为例介绍解码器整机拆解完整过程。

（1）首先取下后面板上两颗 M3×8 和两侧 6 颗沉头 M3×8 的螺钉，如图 7-43 所示，放置于元件盒内。

（2）轻轻拉向后推出，分离上盖板，如图 7-44 所示。

图 7-43　拆下后面板的螺钉

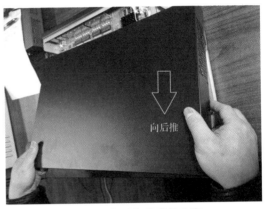

图 7-44　机子和外壳的分离

（3）按以下步骤拆卸后面板，旋下后面板上用于固定开关电源的 3 枚 4×8 自攻螺钉如图 7-45 所示；旋下两侧后部固定后面板的 2 枚沉头 M3×8 螺钉，如图 7-46 所示。

图 7-45　电源外壳螺钉

图 7-46　两侧沉头螺钉

（4）松开 VGA 显示端口上的 2 枚六角形螺母，如图 7-47 所示；旋下固定两排 4 个 HDMI 显示端口上的 2 枚沉头 M3×8 螺钉，如图 7-48 所示；再轻拉电源侧的后面板就可以从电源侧分离出后面板框架了，如图 7-49 所示。

（5）完全分开后面板框架需要取下 2 个排线端子（一个是图像，另一个是声音）和 1 条用于支持 WiFi 的 RF 端子，如图 7-50 所示；慢慢分开后面板框架，注意有很多信号线连接柱，用力不能过猛，要轻拿轻放。

图 7-47　卸下 VGA 端口六角形螺母

图 7-48　HDMI 固定螺钉

图 7-49　取下后面板框架

图 7-50　取下音视频、RF 排插

（6）拔下左侧 4 只风扇的接插连接线，如图 7-51 所示；拔下 ATX 电源排插连接线，如图 7-52 所示。

图 7-51　拔掉风扇连接线

图 7-52　卸下 ATX 电源排插

（7）拔掉前面板指示灯线路板接插件，如图 7-53 所示；旋下主板线路板 9 枚圆头

M3×8 的螺钉，如图 7-54 所示；拆卸主板过程中要注意主板前端的 RJ45 网络插口模块组件是卡在前面板上的，拆卸时需要向后轻轻抽出主板，拆卸下的主板如图 7-55 所示。

（8）卸下开关电源固定在底板上的 2 枚 M3×8 的螺钉，如图 7-56 所示，取出开关电源，如图 7-57 所示。

（9）拆卸风扇，需要旋开 2 枚 M4×8 的风扇固定螺钉，如图 7-58 所示。

图 7-53　拔掉前面板指示灯接插件

图 7-54　卸下主板螺钉

图 7-55　高清解码器主板正面图

图 7-56　卸下开关电源固定螺钉

图 7-57　卸下开关电源

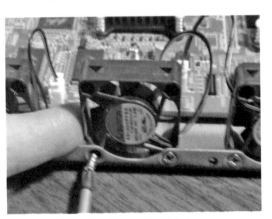

图 7-58　旋开风扇固定螺钉

7.2.2　高清解码器的回装

下面以海康 DS-6904 解码器为例介绍解码器整机回装的过程。

（1）回装主板，对准前面板的网络口位置，对准底板上的螺钉固定孔拧上 9 枚 M3×6 的螺钉；装上开关电源的 2 枚 M3×6 的螺钉把开关电源固定在底板上；注意固定螺钉需要对角一一拧上，这样可以防止底板上的固定螺钉孔错位，也可以很好地牢固主板。

（2）分别回插上 ATX 电源线、前面板指示灯排线、4 只风扇的排线；整理好各排线并用胶带固定牢。

（3）回装后面板插上图像、声音和 RF 端子插头；回装这些排线需要细心，以防止将排针或接插件损坏，有些小的排插需要用尖嘴钳或镊子回装的就用工具回装。

（4）装上后板，仔细观察有没有信号线落在后板外面；固定后板两侧的 M3×6 的沉头螺钉；分别拧上两个 HDMI 端口上方固定的 M3×6 沉头螺钉；固定好 VGA 端口上的两颗六角形螺钉；装上电源与后面板上固定螺钉 4×6 自攻螺钉。

（5）盖上上盖板，压紧前后盖板让四边都卡紧让螺钉孔对准到位再回装两侧 9 枚 M3×6 沉头螺钉；再固定后面板上的两枚 3×6 自攻螺钉。

（6）检查外观是否有没有刮伤痕迹、螺钉有没有错装或少装，抱起解码器轻轻摇晃有没有异响，回装完成。

7.2.3　高清解码器的维修思路

从解码器拆解的情况来看，其主要有三大块部件：内部开关电源、主板、风扇。各部分独立性较大，除主板外，成本也不算太高，因此维修思路应该是首先判断故障大致位置。图 7-59 为高清解码器检修的测量的基本流程，供大家学习参考。

对于主板主要测量几个电压，开关电源的 +12V、+5V 电压及中央处理器的 3.3V 等电压。在实际工程应用时由于解码器的主板集成度比较高，一般硬件损坏率不高，但参数、功能模块等配置出错造成故障较多，所以对于解码器的操作使用说明书要认真读懂并能熟练配置。

7.2.4　高清解码器的简单配置

以海康 DS-6904UD 多路 H.265 高清解码器配置为例，只阐述网络配置与设备在线方法（其他主要配置可以参考 DS-6904UD 操作说明书，海康官网有下载）本维修内容省略。

1. 不使用内嵌的交换机

解码器具有 4 个管理网口，两个本地管理网口 GE1 和 GE2 是分别独立的两个千兆网口，交换网口 G1 和 G2 是可通的两个千兆网口。可以接这 4 个口任意一个即可管理解码器。两种常见的接线方式如图 7-60 和图 7-61 所示。

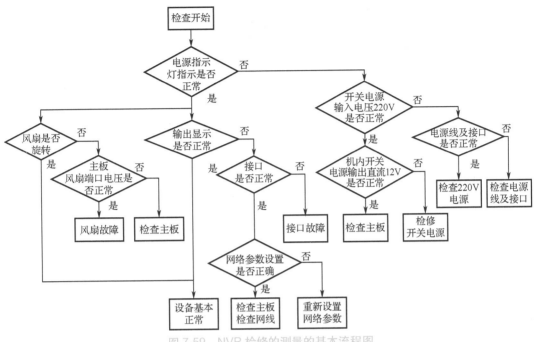

图 7-59　NVR 检修的测量的基本流程图

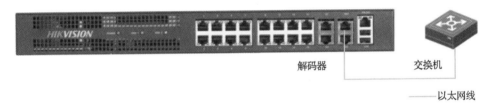

图 7-60　使用 GE1/GE2 管理网口连线图

图 7-61　使用 G1/G2 交换网口连线图

2. 使用内嵌的交换机

　　解码器内嵌有带 16 个百兆网口的交换机，该交换机与 G1、G2 属于同一个交换芯片下，在内部是互通的，但跟本地管理网口 GE1、GE2 是分别独立的。因此若使用内嵌的交换机，有两种常见的接线方式，如图 7-62 和图 7-63 所示。

图 7-62　使用 GE1/GE2 管理网口连线图

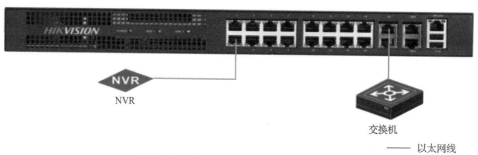

图 7-63　使用 G1/G2 交换网口连线图

3．设备激活

打开 4200 电视墙客户端软件，单击"设备管理"图标，进入【设备管理】界面。初次使用 69UD 解码器需要设置密码进行激活。选中在线设备，单击激活。若设备出厂 IP 与您的计算机在同一网段，可选择在客户端直接添加设备进行激活，如图 7-64 所示。

在线设备(2)	＋添加至客户端	＋添加所有设备	✎修改网络信息	Ｃ重置密码	🔑激活	○刷新（每60秒自动刷新）
IP ▲	设备类型	主控版本	安全状态	服务器端口	开始时间	是否已管理
192.0.0.64	DS-6916UD	V1.5.0 build 160419	未激活	8000	2016-07-19 11:13:04	否

图 7-64　激活

在弹出的对话框中输入密码，注意需设置 8 ～ 16 位，只能用数字、小写字母、大写字母、特殊字符的两种及以上组合，当密码强度提示为强时再次确认密码，单击确定按钮。若密码未达到指定强度会提示为风险密码，建议尽快修改确保安全，如图 7-65 所示。此时设备安全状态显示已激活，如图 7-66 所示。

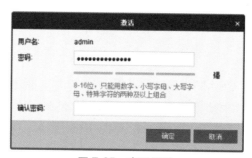

图 7-65　密码设置

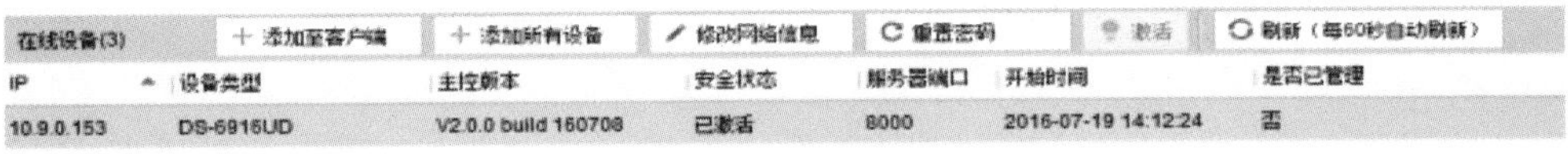

在线设备(3)	+ 添加至客户端	+ 添加所有设备	✎ 修改网络信息	↻ 重置密码	⚡ 激活	↻ 刷新（每60秒自动刷新）
IP ▲	设备类型	主控版本	安全状态	服务器端口	开始时间	是否已管理
10.9.0.153	DS-6916UD	V2.0.0 build 160708	已激活	8000	2016-07-19 14:12:24	否

图 7-66　激活状态

设备激活后可通过【修改网络信息】对设备的 IP 地址、端口等进行修改，输入设备激活时设置的密码单击确定按钮即可保存成功，如图 7-67 所示。

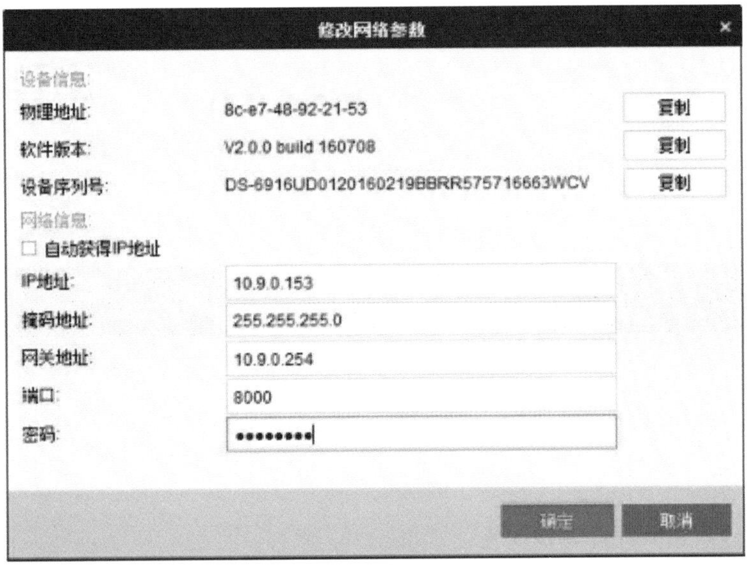

图 7-67　修改网络信息

4．添加设备

单击【添加设备】，弹出【添加】对话框，填写解码器参数，"别名""地址""端口""用户名""密码"，单击【添加】即可完成解码器的添加，如图 7-68 所示。也可以选中在线设备，单击添加至客户端。选择已添加的解码器或直接双击已添加的设备，可对设备相关参数进行修改。选择已添加的解码器，可将设备从列表中删除，该设备还可以支持端口聚合。

5．客户端配置

1）用户管理

管理员应对用户权限进行适当配置，在日常维护中建议使用自定义用户进行管理，添加用户步骤如下。

客户端中选择用户管理，进入用户管理操作界面。软件安装默认只有一个用户，即初次使用软件时注册的超级用户，通过用户管理模块，可为软件添加多个用户，并控制其各自权限。单击【添加用户】，弹出对话框如图 7-69 所示。

默认添加用户类型为管理员，单击【可选择操作员】，输入用户名密码（密码长度不能小于 6 位，选择复制其他用户的权限或直接勾选该用户可分配的权限。【修改用户】可修改普通用户的类型、用户名、密码和权限，超级用户只能修改密码，其余项不可修改。

181

图 7-68　添加界面

图 7-69　用户管理界面

单击【删除用户】可删除当前选中用户，超级用户无法删除。选择超级用户，单击【复制权限】可将超级用户的权限复制给选中的用户，如图 7-70 所示。

图 7-70　添加用户界面

2）系统配置

选择界面上的"系统设置"，如图 7-71 所示，可设置是否自动登录，开窗即预览，自动校时。其中，日志保存天数为一个星期、半个月、一个月和六个月可选。通过单击选择文件保存路径。

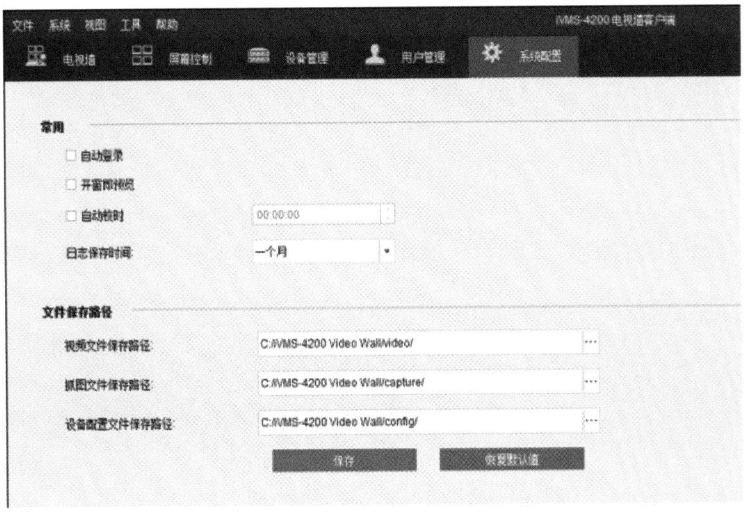

图 7-71　系统配置界面

3）日志

控制面板中选择工具—日志搜索，进入日志管理界面。单击设定开始时间和结束时间，单击"搜索"，下方客户端日志列表中将显示出搜索时间段内的客户端日志信息，如图 7-72 所示。

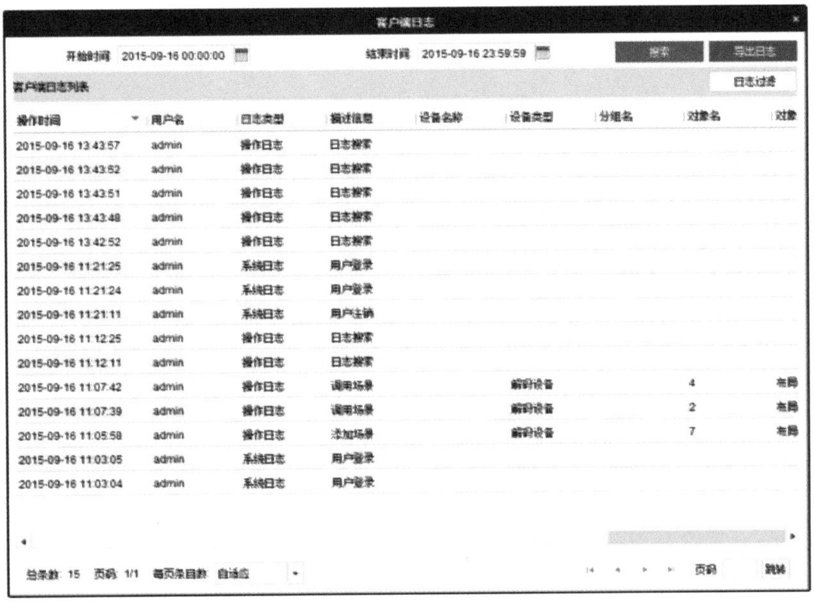

图 7-72　日志搜索界面

以上的窗口配置部分需要在海康 iVMS4200 平台下操作完成。其他如电视墙管理、信号源添加与配置、窗口管理、解码控制、报警联动上墙、多屏互动等功能可以参考操作说明书。

7.3 实训与作业

7.3.1 课内实训

实训 7-1 LCD 显示器拆卸和回装

请按 7.1.1、7.1.2 节的步骤拆卸和回装 LCD 显示器，并填表 7-4。

表 7–4 LCD 显示器的拆卸步骤和内容

拆卸步骤	拧下螺钉数目	螺钉规格	电源、高压板上的主要元件	接口板上的主要元件
1				
2				
3				

实训 7-2 LCD 开关电源关键点电压的测量

根据图 7-30 和实物测量以下各关键点电压。

1．测量 LD7575P 各引脚的工作电压，并填表 7-5。

表 7–5 LD7575P 引脚电压

引脚	①	②	③	④	⑤	⑥	⑦	⑧
电压（V）								

2．测量开关电源的次级两组输出电压值_____、_____。

实训 7-3 逆变电路关键点电压的测量

根据图 7-32 和实物测量以下各关键点电压：（以下是通电状态下测量）

1．按右下角的电源键，分别在开机和关机状态下测量主控板的输出信号 ON/OFF 端的电压值。

2．根据表 7-2 测量 TL494 各引脚的实际电压值，并填表 7-6。

表 7-6　TL494 各引脚实测电压

引脚	1	2	3	4	5	6	7	8	9	10	11	12	13	14	15	16
电压 (V)																

7.3.2　作业

1．LCD 监视器指示灯亮，但液晶屏没图像，请分析形成这种故障的原因。

2．LCD 监视器液晶屏一直显示屏幕菜单栏，按板控制键没反应，分析这种故障可能存在于哪些电路单元。

3．如果 LVDS（上屏线）的铜接触点氧化产生接触不良会产生什么现象？

4．LED 背光灯条和 CCFL 的区别，为什么 LED 背光灯条需要用恒流源？

5．LED 背光灯条需要有哪些保护电路？

6．你所了解的视频信号传输的接口有多少种类？

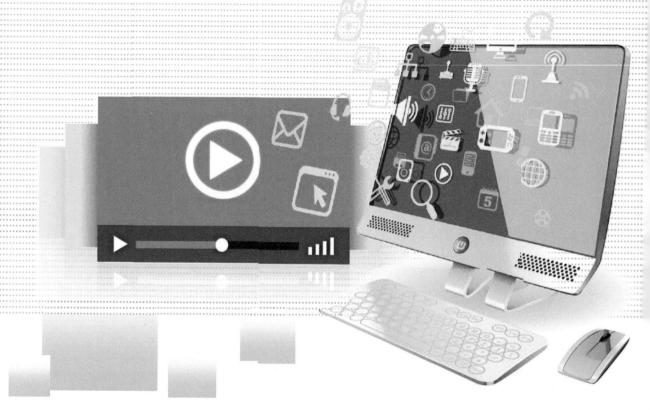

第8章 入侵报警与出入口控制设备故障维修

概述

入侵报警主机和主动红外探测器是入侵报警系统中的典型设备，了解和熟悉它们的基本结构，是安防系统安装维护工程师的基本技能，掌握简单故障的维修也是安防系统安装维护工程师的延伸技能之一，通过拆解和回装海康 DS-19A08-BN 商业级网络报警主机及艾礼富 ABT-150 主动探测器的实体，使学生了解和掌握入侵报警设备的拆解和组装技能，并通过案例的讲解，学会一些简单故障的处理方法。

学习目标

1. 了解入侵报警主机和主动红外探测器的基本结构。
2. 掌握入侵报警主机和主动红外探测器的拆解及回装技能。
3. 熟悉入侵报警主机和主动红外探测器内部电源电路故障的处理方法。
4. 熟悉入侵报警主机一些软件设置故障的处理方法。

8.1　入侵报警主机

入侵报警主机有总线式与分线式两大类型，这里以海康 DS-19A08-BN 商业级网络报警主机为例，介绍入侵报警主机的拆解与回装过程。

8.1.1　入侵报警主机的拆解与认识

入侵报警主机的
拆解与认识

（1）将接在上盖板黄绿相间的接地线拔下，如图 8-1 所示，待接地线拔下后，向上推移盖板，使盖板与箱体分离。

（2）用小一字螺丝刀，将箱体中安装的开关电源的输入引线从接线端上卸下来，切记区分零线、火线和接地线，具体可见标签提示，如图 8-2 所示。

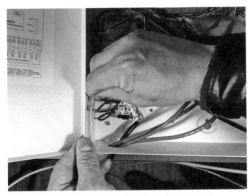

图 8-1　将接在外壳上接地线拔下

图 8-2　将开关电源的输入引线卸下

（3）将开关电源的次级引线从主板接线端卸下来，如图 8-3 所示。分别将 2 枚 M3×8 固定开关电源下面的螺钉拧下，同时松开固定开关电源下面的螺钉。注意不需要拧下，如图 8-4 所示，向自己的方向移动取出开关电源，如图 8-5 所示。

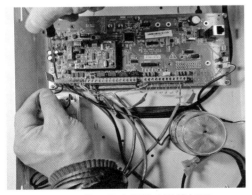

图 8-3　将开关电源输出引线卸下

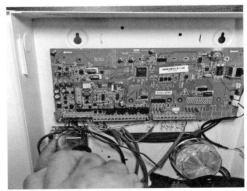

图 8-4　拧开固定开关电源的螺丝

（4）拆下电话模块上的两颗 M3×10 带垫片固定在主板上的螺钉，如图 8-6 所示，取下两颗固定电话模块的铜柱。

图 8-5　向自己的方向移动取出开关电源

图 8-6　拆下电话模块上的两颗固定螺钉

图 8-7　拆卸主板螺丝

（5）拧下 8 枚 M3×8 带垫片固定主板的螺钉，其中一枚是用于固定接地线的，如图 8-7 所示。将主板取下，取下的主板的正面如图 8-8 所示。该主板按功能大体可以划分为 6 个主要部分：电源部分、总线 COM 口输出部分、分线防区接口、以太网接口、MCU 部分、电话模块部分。

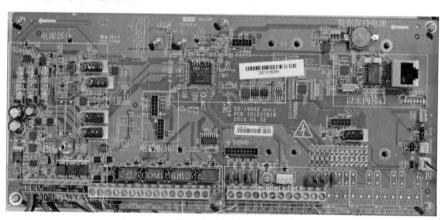

图 8-8　主板正面

8.1.2　入侵报警主机的回装

（1）将主板放置在箱体的支架上，将主板固定孔与箱体支架螺孔对准，分别拧上 8 枚 M3×8 带垫片螺钉，需要注意的是，其中右下角的一枚在拧入时应将接地线一并拧入，螺钉应采取对角上紧的方式上紧。

（2）放入开关电源，注意开关电源的初次级引线方向，初次级引线侧背向主板方向，使其固定孔与箱体上固定开关电源的孔对准，分别将 4 枚 M3×8 螺钉固定在箱体上。

（3）将开关电源的次级引线安装在主板交流电源输入端的接线柱上，接入前一定要注意核对是电源的次级，为保险起见，请首先用万用表测量核对，需要注意的是在电源线的回接时不得压塑料绝缘皮，否则会出现电源接触问题。

（4）将变压器的初级引线安装在箱体交流电源输入端的接线柱上，该接线端子一共有三个，N（零线）、L（火线）、PE（接地），要注意不要接错，接入前一定注意核对是否为变压器的初级。

（5）将盖板套入箱体左侧的边缘的缝隙中，装好后把接地线插在盖板地线端子上。

8.1.3　电源部分故障维修

电源单元是入侵报警主机的主要单元，也是主机电路中比较容易出故障的部分，下面介绍电源单元简易故障的维修。

1. 主板电源框图的分析

图 8-9 为海康 DS-19A08-BN 商业级网络报警主机电源部分电路原理简图，这个电源首先经过开关变压器将 AC220V 转变为 14.3VDC，这个 14.3VDC 经热聚合开关 PT1 后，再经二极管 DG1 到 CVW18、CVW19，25V220UF 两电容 13.7V 直流电压，这个 13.7V 直流电压分成三路，第一路经过熔断器 U5（主控电压）直接由 KEY+12V 端子输出，同时该主控电压还由 UV1（209）DC-DC 产生 +5V 电压为下一级功能电路提供电源；分别有 4 个电路：报警量输出的 4 个继电器、分线报警端 I/O 芯片（U20）、UL4（UT232EC）、还有 UV2（209）DC-DC 3.3V。该 3.3V 电压为 U1（MCU STM32）、UN1（网卡芯片 RTL8201）供电。

第二路由 P 沟道场效应管 Q14（4435）、熔断器 U3、电容 CVW58、Q15、R214、R219 等器件构成由 MCU58 脚输出并控制 AUX 端子 +12V 电压。

第三路由 P 沟道场效应管 Q16（4435）、熔断器 U7、电容 CVW57、Q17、R222、R223 等器件构成由 MCU61 脚输出并控制 BELL 端子 +12V 电压。

当 13.7V 直流电压熔断器 U5 前端电压逐渐变低时（市电停电状态），降到一定电压值时 BAT（蓄电池）开始切换工作，该供电切换控制电路由 R305、D33、R307、Q45、RV46、R300、Q43、D36 等元件构成，其中 Q43 为功率管；D36 为供电单向选择器件。

若市电供电正常，BAT（蓄电池）放电变低时需要充电，此时 U5 上电压为 13.7V，供电切换控制电路 Q43、D33 截止。UL2（LM358）、R308、MCU 第（4、30、65 脚）构成供电检测控制电路，Q52、UV11（Ti 94k）的 17 脚启动电源管理芯片开始工作。14.3V 经 PT1、Q50、UV11（Ti94k）、L12、PT3 到 BAT 端为蓄电池充电。IRF4435 外形及引脚图如图 8-10 所示。

该主机还提供软件检测电压功能，还能网络设置报警参数，具体可参考该报警设备操作说明书，海康官网上有下载，此处省略。

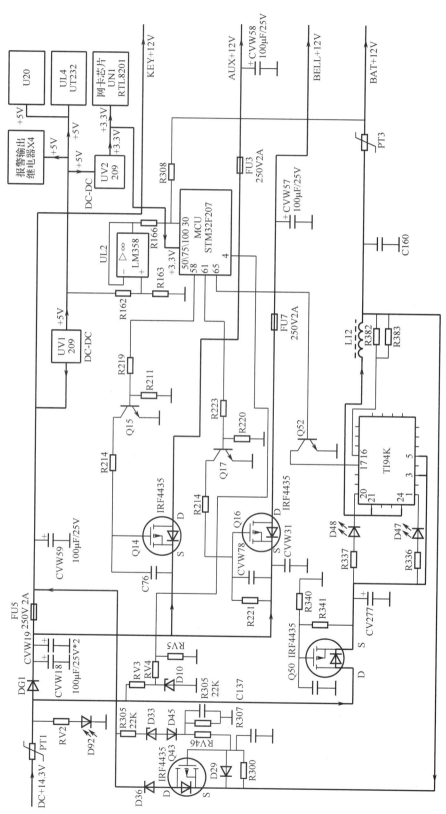

图 8-9 报警主机电源部分电路原理图（根据实物测绘，仅供参考）

HEXFET® Power MOSFET

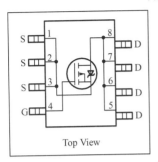
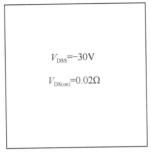
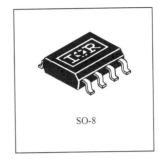

图 8-10　IRF4435 外形及引脚图

2．简单故障维修指南

1）通电主机板指示灯不亮

（1）检查 220V 交流电压和交流熔断器（2000mA）是否正常；

（2）检查开关变压器 14.3VDC 输出是否正常；

（3）检查滤波电容 CVW18 两端电压是否为 13.7V；

（4）检查 UV1（209）DC-DC 产生 +5V 输入端的电压是否为 13.5V。

（5）检查 UV2（209）DC-DC 产生 +3.3V 是否为正常。

2）主机板指示灯亮，键盘无电

在排除键盘本身故障的前提下，检查 U5 是否开路。

3）主机板指示灯亮，报警时警号无声

在排除警号本身故障的前提下，检查 U7 是否开路，同时还需要检查控制回路元件 Q16、Q17、R222、R223、MCU 的 61 脚等是否正常。

4）个别防区输入不正常

在排除报警探测器故障的前提下，检查防区保护压敏电阻是否存在短路等故障。

5）报警主机不能联网

检查网线与物理连接是否正常，检查网络配置是否正常，观察状态指示灯 D13、D12、D4、D8 的状态（可参考说明书）。

8.2　主动红外探测器故障维修

主动红外探测器
的拆解

8.2.1　主动红外探测器的拆解

市面常见的主动红外探测器品牌有艾礼富、博世、霍尼韦尔、福科斯等，它由发射和接收两个单元组成，这里以艾礼富 ABT-150 的接收单元为例，介绍主动红外报测器的拆解，发射单元的拆解与接收单元基本一致。

（1）用十字螺丝刀拧开探测器下端螺钉，取下探测器防尘盖，如图 8-11 所示。

（2）拧开镜头盒纵向调节螺钉，如图 8-12 所示，要一直松到底，直到完全脱落。此时，将透镜向左侧旋转，以能取下方形螺母为准，如图 8-13 所示。轻轻取下弹簧，取下弹簧的过程中，注意技巧，不要破坏探测器本身，如图 8-14 所示。

图 8-11　拧开探测器下端螺钉

图 8-12　拧开纵向调节螺钉

图 8-13　旋转透镜取下方形螺母

图 8-14　取出螺钉和弹簧

（3）用螺丝刀轻撬镜头盒左右两边支架，使镜头盒轴从支架上脱离出来，如图 8-15 所示，将镜头盒从支架上分离出来，如图 8-16 所示。

图 8-15　轻撬镜头盒左右两边支架

图 8-16　取出镜头盒

（4）用小一字螺丝刀轻撬镜头盒盖上的卡扣，左右各两个，两侧共四个依次撬开，如图 8-17 所示，取下后盖。

（5）打开镜头后盖，可以看到接收头的安装线路板，拨开线路板固定塑料卡扣，如图 8-18，取出接收头线路板；取出后如发现镜头比较脏，可以用棉签蘸无水酒精擦拭，如图 8-19 所示。

（6）用螺丝刀拧开主线路板仓盖板固定螺钉，如图 8-20 所示，取下盖板可以看到有一层防水密封垫，将其取下，如图 8-21 所示，取下前请注意原来的安装方向，以免回装时弄错。

图 8-17　轻撬镜头盒盖上的卡扣

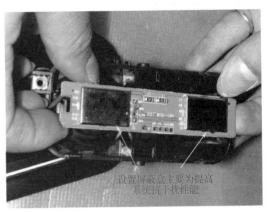

图 8-18　拨开塑料卡扣取出接收头线路板

图 8-19　用棉签蘸无水酒精擦拭

图 8-20　拧开主线路板仓盖板固定螺丝

（7）将主线路板从线路板仓中取出，如图 8-22 所示，取出时注意有时前面的接线端子会钩住外壳，影响线路板的顺利取出，此时需要将前面的线尾电阻取下，之后将主线路板稍微向下压，取出主线路板。如果是发射端，前面过程基本一样，只是在线路板上有一定区别，图 8-23 是取出的接收主线路板和接收头线路板，图 8-24 是取出的发射主线路板和发射头线路板；这两块主板都较之前做了一些改进，电源前面加了整流滤波电路，电源不再需要区分正负极性。

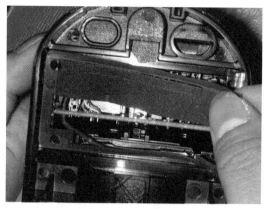

图 8-21　取下防水密封垫

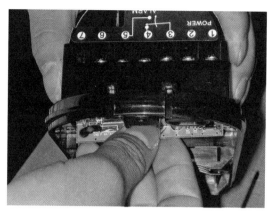

图 8-22　拉出主线路板

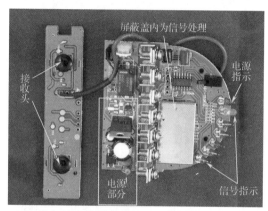

图 8-23　接收主线路板和接收头线路板

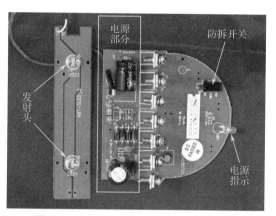

图 8-24　发射主线路板和发射头线路板

8.2.2　主动红外探测器的回装

（1）将主线路板装入线路板仓中，装入时需要注意：有时前面的接线端子会被外壳卡住，需要将接线端子压片恢复到位，否则影响线路板的正常安装到位。

（2）盖上防水密封垫，请注意原来的安装方向，可参考图 8-20 盖上线路板仓盖，旋入主线路板仓盖板固定螺钉，如图 8-25 所示。

（3）将线路板放置好并将塑料卡扣扣上，在扣上线路板之前首先应将引线放置在原来为之设计的沟槽内，如图 8-26 所示，然后盖上镜头盒后盖。

（4）将镜头盒轴装入支架中的轴孔里，并将支架旋转 90°，以方便后面的安装。

（5）安装镜头盒纵向调节螺钉，这个环节难度最大，同时还有一定技巧，所以在此要详细介绍：

①首先将长螺钉伸入安装孔，再套入弹簧，为方便操作，可使镜头盒转动适当的角度，如图 8-27 所示。

②用镊子小心夹住弹簧，在保证弹簧不弹出的情况下努力使弹簧收缩，待弹簧缩到

比螺钉短 5mm 左右的时候，将镜头盒转回，让螺钉穿出镜头盒上纵向调整的塑料"U"形槽，注意不要让弹簧也穿出来，如图 8-28 所示。

图 8-25　盖上线路板仓盖

图 8-26　将引线放置在沟槽内

图 8-27　装螺钉并套入弹簧

图 8-28　压缩弹簧让螺钉穿出"U"形槽

③ 用镊子夹持带螺纹的支撑片，套在螺钉上。注意，凹面朝螺钉，锯齿方向与塑料"U"形槽开口方向一致，如图 8-29 所示。

④ 最后用拇指压住，在另一侧用螺丝刀将螺钉旋入，如图 8-30 所示。

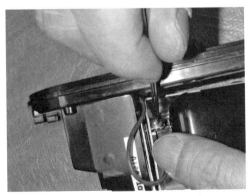

图 8-29　装入带螺纹的支撑片

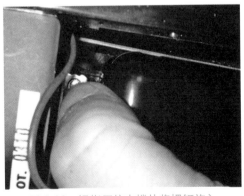

图 8-30　拇指压住支撑片将螺钉旋入

8.2.3 主动红外探测器的简单维护与维修

1. 镜头面有灰尘或脏物

如果镜头表面有积尘，会影响探测器的正常工作，有时还可能引起误报警，如果积

尘在镜头表面的外侧，处理起来比较方便，可用半干的软布或镜头纸擦拭，如果是镜头的内侧积尘，则需要打开镜头盒来清理。具体方法和步骤前面已经介绍过了，待镜头盒盖打开后用棉签蘸酒精或是用专用镜头纸擦拭，如图 8-31 所示。

图 8-31 用棉签擦拭镜头内侧

2. 系统电源单元简单故障的排除

该探测器的发射端和接收端电源单元如图 8-32 所示，它们都有一个桥式整流电路，发射端用 4 个二极管搭接而成，接收端直接采用小型桥堆，这样在具体接线

过程中就不再需要区分电源的正负极性，对工程施工十分有利。由于探测器多设置在室外，为了防止二次雷击对设备的冲击，在发射端和接收端的电源输入侧都设置了保护电路，由保险电阻和瞬态吸收二极管或压敏电阻组成，用来保护整流桥堆或二极管及滤波电容。在维修检测中应重点检查保险电阻和瞬态吸收二极管或压敏电阻是否损坏，另外在接收端还有一个 5V 稳压集成块 7805，维修时也应重点检查电压是否正常。这些器件检查起来并不困难，如发现损坏，应及时更换。

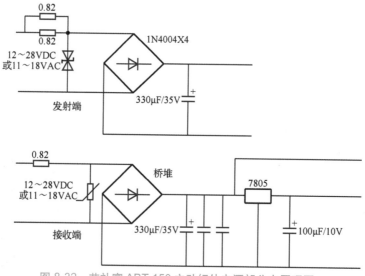

图 8-32 艾礼富 ABT-150 主动红外电源部分电原理图

8.3　出入口控制主机故障维修（网络版）

门禁控制主机的
拆解与认识

8.3.1　出入口控制主机的拆解与认识

出入口控制主机大致有多门与单门控制类型，这里以海康 DS-K2602
主机为例，介绍网络双门控制主机的拆解过程。

（1）将接在上盖板黄绿相间的接地线用起子取下，如图 8-33 所示，待接地线拔下后，
向上推移盖板，使盖板与箱体分离。

（2）将箱体中安装在主板上的接插件分离下来，切记端口配线种类并做好标记，具
体可见卸下的外壳上的主板接口提示，如图 8-34 所示。

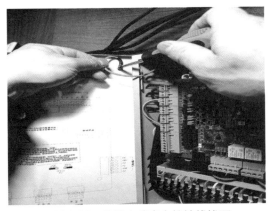

图 8-33　将接在外壳上接地线拔下

图 8-34　将出入口控制主机主板上接插件分离

（3）拧下主板四周的固定 4 枚 M3×8 的螺钉，特别是右下角有一带接地线的螺钉，
如图 8-35 所示，可以看到主板下的固定塑料支架，如图 8-36 所示。

图 8-35　拧开固定主板的螺丝和带接地线的螺钉

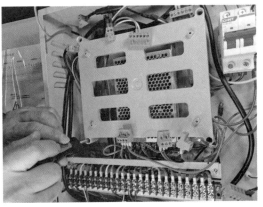

图 8-36　塑料支架

197

（4）拆下固定塑料支架四角空里的 4 枚 M3×8 带垫片固定在底下箱体板上的螺钉如图 8-36 所示，取下固定塑料支架就可以看见固定在底下箱体板上的开关变压器，如图 8-37 所示。

（5）开关变压器的固定螺钉分别在上下两头，松开上面 1 枚 M3×8 带垫片固定主板的螺钉，注意不要拧下，如图 8-37 所示，拧下下面 1 枚 M3×8 带垫片固定主板的螺钉，如图 8-38 所示。

图 8-37　松开上面固定螺钉

图 8-38　拧下下面固定螺钉

（6）将开关变压器取下，取下开关变压器上的 220VAC 输入的火线（L）、零线（N）、输出端地线和 +12V 供电线，并取出开关电源，如图 8-39 所示。

（7）拆除电源空气开关，卸下空气开关上下两端电线如图 8-40 所示，松开该架上的两颗自攻 3×8 螺钉，用螺丝刀挑开最右侧的塑料定位支架，如图 8-41 所示。

图 8-39　开关变压器输入输出线的拆卸

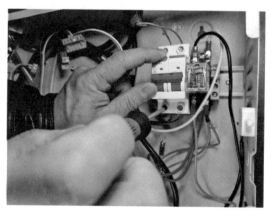

图 8-40　电源空气开关

（8）把空气开关尽量向右移动（因为固定底座有向右渐变小的固定槽），再用起子撬开空气开关底下的固定卡，并向上撬起空气开关的一端（下侧）这时就可以取下空气开关，如图 8-42 所示，出入口控制主机拆卸完成。

拆下的出入口控制主机板如图 8-43 所示，该主板上有防拆接口、报警输入 2 路、开门按钮2路、门磁输入2路、电锁2路、读卡输入4路、IP网口、报警输出4路、485总线4路、电池接口、电源接口、门锁电源、读卡电源和韦根接口4路。

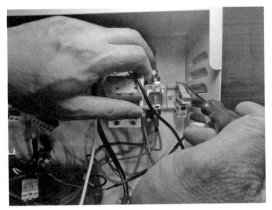
图8-41 卸下定位支架

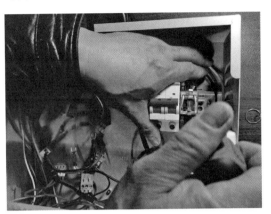
图8-42 拆卸空气开关

图8-43 入口控制主机板布局图

8.3.2 出入口控制主机的回装

（1）装上空气开关，固定右侧塑料定位架，连接上空气开关两端的电源配线（注意L、N）的颜色。

（2）连接开关电源的输入 220VAC（注意 L、N 的颜色）与输出的地线与 +12VDC 端子，将开关电源上侧开口固定孔插入上面的固定螺钉中，固定开关电源下侧的 M3×8 带垫片螺钉；需要注意的是在电源线的回接时不得压皮，否则会出现电源接触问题。

（3）整理好底板上的配线位置，放置好固定主板的塑料支架并上好 4 枚 M3×8 带垫片螺丝在底板上，放入出入口控制主板，注意主板的位置和方向，使其固定孔与箱体上塑料支架上的孔对准，分别将 4 枚 M3×8 螺钉固定在塑料支架上。

（4）将主板各输入端的接线端子按原样连接上，接入前一定要注意核对，为保险起见请参考前面板上的配线图并一一核对。

（5）将盖板套入箱体左侧的边缘的缝隙中，装好后把接地线固定在盖板地线端子上。

8.3.3 电源单元故障维修案例

一个 12V3A 出入口控制器的开关电源，其故障现象是插上电源后，电源指示灯不亮，并且无电压输出。拆开该电路板的盖子，观察发现熔断器未断，整理相关电路如图 8-44 所示。

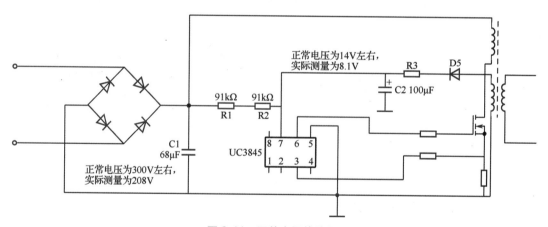

图 8-44　开关电源线路图

通电测量，发现交流输入电压正常，可以得出问题在后面，接着用万用表测量了 C1 电容两端的电压，发现该电压为 202V，而正常情况下应该有 300V 左右，所以可以初步断定该电源滤波电容 C1 有问题，用示波器观察该处波形，如图 8-45 所示，为完全的脉动直流波形。于是断开电源，将该电容焊下，观察发现电容顶部稍稍鼓起，如图 8-46 所示，换上一个相同规格的电容，再用万用表测量两端电压示数，发现示数为 308V。用电容仪测量换下的电容，发现标称 68μF/400V 的电容容量为 0。

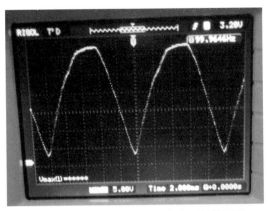

图 8-45　示波器观察到 C1 电容两端的图形　　　图 8-46　出现故障的电容

通电发现故障依旧，根据图 8-45 做如下分析，由于熔断器没有损坏，故基本可以确定电源开关管没有问题，问题很可能出在集成电路 UC3842 及外部附属电路，首先检查集成电路供电引脚 7，发现该脚电压为 8.1V，而正常的电压应该是 14 ～ 17V，该电压一路通过启动电阻接 300V 电压，另一路通过电容、整流二极管和电阻组成的滤波电路接开关变压器一个输出端，经检查接 300V 的启动电阻 R1、R2 正常，所以有两种可能：一是开关电源上的电容 C2 损坏，二是电阻 R3 和二极管 D5 性能不良。经检查电阻 R3 和二极管 D5 都没有损坏，于是焊下 C2 电容，发现该电容与前面 C1 的电容一样，也有鼓起的现象，测量其容量仅为 0.3μF。换上一个与标称规格相同的 100μF 电容，接通电源，用万用表测量 C2 两端电压，为 14.5V，此时电源指示灯亮，电压输出 12.3V，开关电源故障排除。

8.4　人脸识别终端故障维修

本节以海康 DS-K1T607TM 为例，介绍人脸识别终端拆解与回装过程。该款人脸识别终端，既支持独立分线制连接，也支持 TCP/IP 协议连接。

8.4.1　人脸识别终端的拆解与认识

人脸识别终端
的拆解与认识

（1）用专用梅花内六角扳手将人脸识别终端后面的连接线接口盖板的 2 枚 M3×6 的螺钉旋下，并取下盖板，使盖板与箱体分离，如图 8-47 所示。

（2）用专用梅花内六角扳手将人脸识别终端下部用于固定后盖板的 3 枚 M3×6 的螺钉旋下，如图 8-48 所示。

图 8-47　用专用扳手旋下接口盖板螺钉

图 8-48　用专用扳手旋下下部固定盖板螺钉

（3）用小一字螺丝刀撬起后盖板上的装饰条，如图 8-49 所示，再用两把螺丝刀协同操作，逐步前推，如图 8-50 所示，取出的装饰条如图 8-51 所示。

图 8-49　用螺丝刀撬起装饰条

图 8-50　两把螺丝刀协同操作

（4）用十字螺丝刀将装饰条盖住部分的用于固定后盖板的 9 枚 M3×6 自攻螺钉旋出，如图 8-52 所示。

图 8-51　取出的装饰条

图 8-52　旋出固定后盖板的螺钉

（5）小心分开后盖板，如图 8-53 所示，注意后盖板上还有电池连线与主板相连，需要及时将接插件拔下，如图 8-54 所示。

图 8-53　分开后盖板

图 8-54　拔下电源线接插件

（6）向外松开接口卡头拔出触摸屏排线，如图 8-55 所示。接着拔出话筒线按插件，如图 8-56 所示。

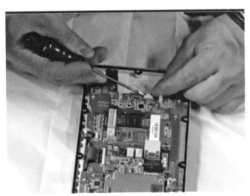

图 8-55　向外松开接口拔出触摸屏排线

图 8-56　拔出话筒线接插件

（7）向上挑开深色排线卡头，这时排线就会松开，拔出 LCD 屏的背光灯排线，如图 8-57 所示，松开卡头拔下 LCD 屏的屏线，如图 8-58 所示。

图 8-57　松开卡头拔下背光灯线

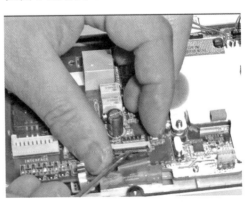

图 8-58　松开卡头拔下屏线

（8）拔下右读照明灯线接插件，如图 8-59 所示。拔下写照明灯线接插件，如图 8-60 所示。拔下左读照明灯线接插件，如图 8-61 所示。

（9）向上挑开深色排线卡头，松开卡头拔出摄像头排线，如图 8-62 所示。

图 8-59　拔下右读照明灯线接插件

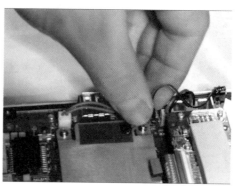

图 8-60　拔下写照明灯线接插件

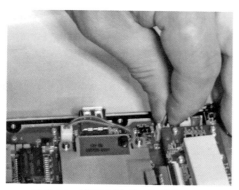

图 8-61　拔下左读照明灯线接插件

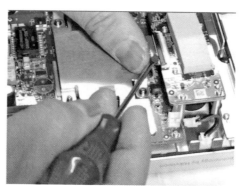

图 8-62　松开卡头拔下摄像头排线

（10）旋下 6 枚用于固定主板的 M3×6 自攻螺钉，如图 8-63 所示，将主板取出，如图 8-64 所示。

图 8-65 和图 8-66 为取下的主板的正面和背面的元器件布局图。由于该主板集成度很高，又缺少相关资料，芯片级维修比较困难，因此我们仅要求能了解人脸识别终端的内部构造，知道各部分的主要作用，了解主板主要接口功能。对于一般维修，能达到换板的程度就基本可以了。

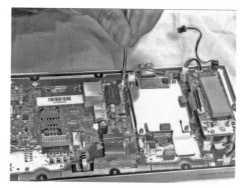

图 8-63　旋下固定主板的自攻螺钉

图 8-64　取下主板

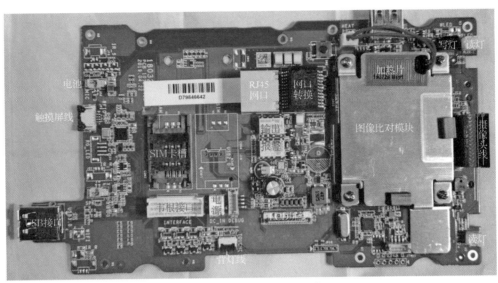

图 8-65　主板正面元器件分布图

图 8-66　主板背面元器件分布图

8.4.2　人脸识别终端的回装

（1）将主板放置在前盖板支架上，将主板固定孔与前盖板支架螺孔对准，分别拧上 6 枚 M3×6 自攻螺钉，需要注意的是，螺钉应采取对角上紧的方式上紧。

（2）首先插入话筒接线插座，读、写照明灯插座等直接插入接口，接着分别按前面拆解过程的逆操作，恢复摄像头排线、LCD 屏排线、LCD 背灯排线、触摸屏排线等，注意放入排线后要将卡头压下或推进，以确保接触良好。

（3）将后盖板上的电池连线也插入主板，然后盖上后盖板，旋入 9 枚 M3×6 自攻螺钉。

（4）将装饰条对准并压下，使装饰条与后盖板保持紧密连接。

（5）将盖板下方的 3 枚 MΩ×6 内六角梅花螺钉旋紧。

（6）如果有连接线，先将韦根连接线、IP 网线和电源线插上，然后盖上连接线接口盖板。旋紧 2 枚 MΩ×6 内六角梅花螺钉。

8.5 实训与作业

8.5.1 课内实训

实训项目 8-1：报警主机的拆卸与回装

请按照 8.1.1、8.1.2 的步骤和方法进行报警主机的拆卸与回装并填写表 8-1。

表 8–1 拆卸与回装报警主机的步骤与内容

拆卸步骤	拧下螺钉数目	螺钉规格	完成内容
1			
2			
3			

实训项目 8-2：报警主机主板电源的测量

测量报警主机主板电源相关元件上的电压并填表 8-2。

表 8–2 报警主机主板电源的测量

测量部位	电压	测量部位	电压
PT1 自恢复熔断器对地电压		FU3 熔断器对地电压	
PT3 自恢复熔断器对地电压		FU5 熔断器对地电压	
		FU7 熔断器对地电压	

实训项目 8-3：主动红外探测器的拆卸与回装

请按照活动 8.2.1、8.2.2 的步骤和方法进行主动红外探测器的拆卸与回装并填写表 8-3。

表 8-3　拆卸与回装主动红外探测器的步骤与内容

拆卸步骤	拧下螺钉数目	螺钉规格	完成内容
1			
2			
3			

8.5.2　作业

1．报警主机开关电源安装箱体内，交流电源输入端的接线柱一共有三个，一个接____，一个接_____，另外一个接_____，开关电源的输出电压为_____。

2．报警主机主板按功能大体可以划分为 3 个主要部分：_____、_____和_____。

3．图 8-9 中 CVW18、CVW19、CVW59 的作用是_____。CVW57、CVW58 的作用是_____。

4．入侵报警主机上的自恢复熔断器作用是_____。

5．报警探测器保险电阻和瞬态吸收二极管或压敏电阻的作用是_____。

6．报警探测器透镜积灰怎样处理？

7．主动红外报警探测器接线过程中不再需要区分电源的正负极性具体是怎样实现的？

8．报警探测器接收部分设置屏蔽装置的作用是什么？

9．入侵报警主机通电没有任何反应重点检查什么？

10．入侵报警主机充不上电主要问题可能在哪里？

11．入侵报警主机有显示，但警号没有响主要问题可能在哪里？

12．出入口控制主机使用的开关电源的电压的标称值是多少？

13．出入口控制主机的空气开关在拆卸时要注意些什么？

14．空气开关边上的继电器是起什么作用的？

第9章 小型视频监控系统维护与故障处理

概述

视频监控系统是整个安防系统中最直观的系统，也是整个安防系统中造价和工程复杂程度较高的系统。了解、熟悉和掌握视频监控系统的日常维护及系统简单故障的排查方法，也是安防系统维护工程师的一项基本技能。通过本章学习使学生掌握视频监控系统故障处理的基本方法和手段。

学习目标

1. 了解、熟悉视频监控系统日常维护要点。
2. 了解网络视频监控系统故障的现象并掌握故障处理办法。
3. 学习运用网络排查常用指令。
4. 了解视频摄像机外部电源故障的现象并掌握故障处理办法。

5. 了解视频信号电缆传输故障的现象并掌握故障处理办法。

6. 熟悉视频监控系统设备调配设置不恰当引发故障的原因和处理方法。

7. 掌握硬盘录像机的设置不当引发故障的原因和处理方法。

9.1 视频安防监控系统的日常维护要求和内容

9.1.1 日常维护要求

视频安防监控系统的日常维护主要包括软件维护和硬件维护。

1. 软件维护

（1）定期检查录像回放，防止因偶然发生的情况而使录像机设置发生改变。通过检查录像回放来发现是否有某些时间段的录像没录上，及时查找问题，防止到事故发生时才发现该段时间录像没录上，造成不应有的损失。

（2）定期检查安防监控是否在录像，防止突然断电而使软件数据库损坏，如果数据库损坏而未及时修复，就会出现不能录像的故障，这时就要手动修复数据库。

（3）定期检查操作系统日志，防止硬盘损坏，而使系统不能录像。

2. 硬件维护

（1）保持安防监控系统电脑环境的干净，防止因灰尘太多、湿度、温度太高而使硬盘及系统主板等硬件出现故障。

（2）定期检查系统线路，防止发生线路断掉或是漏电的故障发生。

（3）定期检查设备连线，防止发生线与设备连接松动，而使设备发生不能正常工作。

（4）定期检查网线与设备连接处，防止网线脱落、松动而使系统发生不能正常工作。

（5）定期清洁前端摄像机，防止因灰尘积累过多而影响安防监控效果。

（6）定期检查室外防护装置，防止设备被毁。

9.1.2 日常维护内容

视频安防监控系统的日常维护内容如表 9-1 所示。

表 9-1 视频安防监控系统维护保养内容要求

序　号	项目内容要求
1	黑白摄像机应清洁，确认监控方位和原设计方案一致
2	彩色摄像机应清洁，确认监控方位和原设计方案一致
3	微光摄像机应清洁，确认监控方位和原设计方案一致
4	室内外防护罩应清洁、牢固，确认进线口密封

209

续表

序　号	项目内容要求
5	监视器应清洁，散热应正常，确认图像质量和原设计方案一致
6	视频移动报警器侦测范围应与原设计方案一致
7	视频顺序切换器功能应与原设计方案一致
8	视频分配器应齐全有效
9	云台上、下、左、右控制应齐全有效
10	镜头的调整、控制应齐全有效
11	图像分割器应齐全有效
12	光、电信号转换器应工作正常
13	电、光信号转换器应工作正常
14	云台、镜头解码器应清洁、牢固
15	硬盘录像机控制、预览、录像及回放应符合设计方案要求
16	硬盘录像机图像质量应符合要求
17	硬盘录像机视频和报警联动应齐全有效
18	硬盘录像机感染计算机病毒时应杀毒、升级
19	硬盘录像机内应清洁、除尘，确认散热风扇工作正常
20	硬盘录像机声音和视频应一致
21	硬盘录像机时钟应定期校验，误差小于 60s
22	硬盘录像机网络应齐全有效
23	矩阵控制主机功能应齐全有效
24	矩阵报警联动图像应齐全有效
25	矩阵声音和视频图像应符合一致，并齐全有效
26	矩阵控制键盘功能应齐全有效
27	矩阵及其联网设备的检查、调试
28	图像传输、编解码设备的检查、调试

9.2　视频监控系统故障的分析与处理

9.2.1　视频监控系统故障处置的一般方法

故障处置的一般方法采用类似中医医治的一些基本手段：望、闻、问、切。

（1）望就是先观察设备外部环境，看是否存在安装位置影响设备正常运行的环境因素，如漏水潮湿、供电、光纤等问题。再观察设备的外观，看是否有进水、有明显的烧毁的痕迹。

（2）闻就是闻异常气味，是否能明显感觉到设备内部散发出的异味，如遇这种情况需要赶紧切断电源。

（3）问就是询问情况，了解最近是否有人在施工，如供电、光纤、网络等的改动，问监控员出现这种情况是什么时候、出现的频率等，目的是快速定位和缩小故障范围。

（4）切就是感知现场环境，触摸设备的温度，查看电源供电是否正常，线缆和光缆是否脱落，光功率是否在正常范围内等。进行问题定位，通过同类设备的替换查找定位，同时通过供电、线缆、光缆的倒换判断问题范围。并经过推理判断，抽丝剥茧、初步缩小故障范围，最后从面、线、点逐步进行故障定位。

9.2.2　视频监控系统故障处理流程

1．图像无法控制的处理流程

图像无法控制的处理流程如图 9-1 所示。

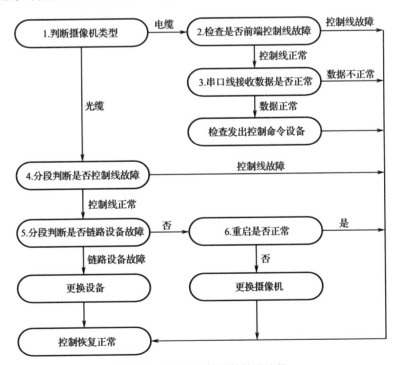

图 9-1　图像无法控制的处理流程

2．视频无图像处理流程

视频无图像处理流程如图 9-2 所示。

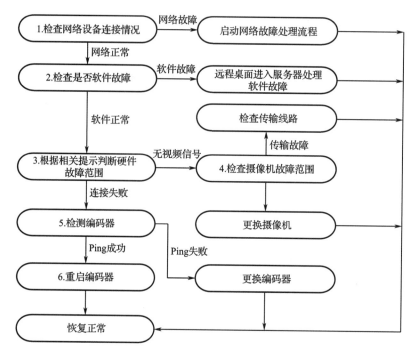

图 9-2　视频无图像处理流程

3. 网络故障处理流程

网络故障处理流程如图 9-3 所示。

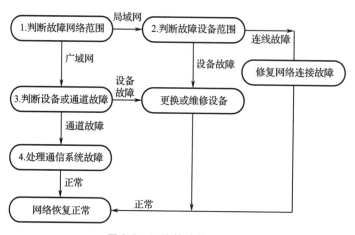

图 9-3　网络故障处理流程

4. 监控客户端故障处理流程

监控客户端故障处理流程如图 9-4 所示。

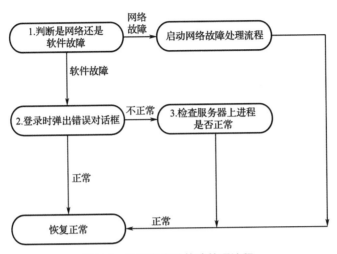

图 9-4　监控客户端故障处理流程

5．存储转发服务器故障处理流程

存储转发服务器故障处理流程如图 9-5 所示。

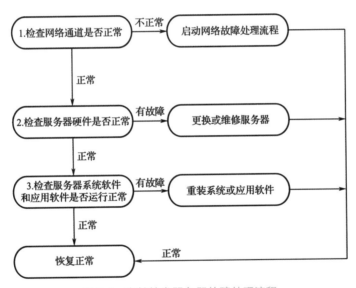

图 9-5　存储转发服务器故障处理流程

6．磁盘阵列故障处理流程

磁盘阵列故障处理流程如图 9-6 所示。

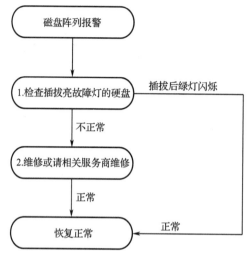

图 9-6　磁盘阵列故障处理流程

9.2.3　网络视频监控系统故障的处理

网络视频监控系统故障的检查

随着网络摄像技术的发展及近几年来宽带技术的普及，网络视频服务器已经逐渐成为当前视频监控设备的主流产品，因此对这方面的研究探讨也很有必要。

1）图像延迟，时有时无卡帧、马赛克现象等。

这类网络视频监控系统的软故障，通常网络传输是通的，单处理起来比较棘手，下面介绍几种此类故障常见的处理方法。

（1）网线制作不标准带来的串扰，短距离则比较难发现。通常开始一段时间内使用正常，经过一段时间后性能下降，网速变慢，引起此类故障。因此建议按 T568B 标准来压制网线。

（2）在复杂网络中由于一些特殊原因，经常有多余的备用线路，则会构成回路，数据包会不断发送和校验数据，从而影响整体网速。为避免这种情况发生，要求在铺设网线时一定要养成良好的习惯，网线打上明显的标签，有备用线路的地方要做好记录。

（3）随着网络设备数量的增多，广播包会急剧增加，形成广播风暴，当广播包的数量达到 30% 时，传输效率将会明显下降，引起网速变慢。实践表明摄像头或网络设备有故障时，就有可能会不停地发送广播包，从而形成广播风暴使网络瘫痪。当怀疑有此类故障时，首先可采用置换法替换有可能损坏的摄像头或交换机来排除故障，某些情况下还可以切断传输设备，或用 Ping 命令逐一测试，找到有故障的设备。

（4）广域网端口和局域网端口带宽瓶颈问题。交换机端口、摄像机端口和服务器端口等都有可能成为网络瓶颈。可在网络使用高峰时段，利用网管软件查看各端口的数据流量（用 Netstat 命令可统计各个端口的数据流量），确认网络数据流通瓶颈的位置，设法增加其带宽，如更换交换机为 1000M，安装多台录像机等。通过改变资源分配来增加带宽，缓解网络瓶颈，最大限度地提高数据传输速度。

（5）病毒感染、监控系统不联广域网。不远程观看，一般不会感染病毒，但随便接可移动存储设备，则可能病毒感染。因此平时应关闭网络中不必要的端口，以提高系统的安全性和可靠性。

2）图像画面很卡、停顿、不流畅。

如果想让画面流畅些，请将分辨率改小，并把帧率设置到 25 帧。如果设置了固定码流，请把码流设高些或设成可变码流，在网络设置里的网络传输 QOS 中选择画面流畅优先。

检查中可 ping 检查网络摄像机，看其是否丢包，如果丢包，先查下网络线缆和网络设备是否正常。网络带宽不足或拥塞也会导致画面停顿。

3）网络视频监控域名更新不成功。（动态域名服务就是实现固定域名到动态 IP 地址之间的解析）

（1）DDNS 参数设置不正确。DDNS（动态域名）参数主要有 DDNS 服务提供者：mvddns（88IP 暂时不可用）；域名：由用户定义（字母与数字均可）；DDNS 地址：是否正确；DDNS 端口：是否是默认；WEB 端口：与设备一致；数据端口：与设备一致。

（2）DNS 地址配置不对。DNS（域名解析服务）每个地区都有本地域名解析服务器。设备配置默认的 DNS 地址是可能和本地的 DNS 不一致。这样会导致设备与 DDNS 服务器之间通信的不稳定。所以必须将设备的默认 DNS 改写成其本地的 DNS 地址。

（3）可能原因：域名服务没有启用。登录域名管理系统，查询相应的设备。将其域名服务开启。

4）网络视频监控监听时无声音。

（1）没有接入音频输入，可检查主机的音频连接。

（2）DVS 没有打开相应通道的音频选项，可检查 DVS 音频参数设置，看是否打开了音频。

5）网络视频监控音频的效果不好。

当出现音频听起来杂音很多，失真很严重的现象时，请检查一下输入信号电平是否是线路输入。多数输入信号不是线路输入的时候（如带放大的有源麦克风）与服务器的输入电平不匹配，导致饱和失真。

6）无法通过数字监控中心管理软件访问视频服务器

（1）网络不通。可用 PC 接入网络测试网络接入是否能正常工作，首先排除线缆故障，PC 病毒引起的网络故障，直至能够用 PC 相互之间 Ping 通。

（2）IP 地址被其他设备占用。可断开视频服务器与网络的连接，单独把视频服务器和 PC 连接起来，按照推荐操作进行 IP 地址的重新设置。

（3）IP 地址位于不同的子网内。检查服务器的 IP 地址和子网掩码地址及网关的设置。

（4）端口被修改。通过服务器后面的复位按钮来恢复到出厂默认状态。通过服务器后面的复位按钮来恢复到出厂默认状态，然后重新连接，系统默认 IP 地址为192.168.55.160，子网掩码为 255.255.255.0。

7）网络视频监控中云台、镜头不能控制。

（1）信号线没有连接好或连接不正确。可将云台或球形摄像机与服务器相连接的控制线重新连接。

（2）没有正确设置相应的解码器协议、地址或波特率。认真仔细检查设置是否正确，重新设置云台协议、波特率、地址。

8）升级网络视频监控程序后通过浏览器访问视频服务器会出错。

删除浏览器的缓存即可。具体步骤：打开浏览器工具菜单，打开 Internet 选项，在第二条目（Internet 临时文件）中单击"删除文件"按钮，在"删除所有脱机内容"选项上打钩选中，然后确定。重新登录服务器即可。

9）网络视频监控中云台、镜头不能控制。

（1）信号线没有连接好或连接不正确。将云台或球形摄像机与服务器相连接的控制线重新连接。

（2）没有正确设置相应的解码器协议、地址或波特率请仔细检查设置是否正确。

10）升级网络视频监控程序后通过浏览器访问视频服务器会出错。

删除浏览器的缓存即可。具体步骤：打开浏览器工具菜单，打开 Internet 选项，在第二条目（Internet 临时文件）中单击"删除文件"按钮，在"删除所有脱机内容"选项上打钩选中，然后确定。重新登录服务器即可。

9.2.4　网络排查常用指令

1. Ping

（1）原理：Ping 命令可由源站点向目的站点发送 ICMP request 报文，目的主机收到后回 icmp reply 报文。这样就验证了两个接点之间 IP 的可达性。

（2）功能：用 Ping 来判断两个接点在网络层的连通性。

（3）常用参数：

① Ping -n 连续 Ping N 个包；

② Ping-t 持续地 Ping 直到人为地中断，Ctrl+break 暂时终止 Ping 命令查看当前的统计结果，而 Ctrl+c 则是中断命令的执行；

③ Ping-I 指定每个 Ping 报文所携带的数据部分字节 0 ～ 65500 数。

例：C：\>Ping -l 2800 -n 2 192.168.15.1

Pinging 192.168.15.1 with 3000 bytes　of data

Reply fron 192.168.15.1：bytes=2800　time=304ms　TTL=112

Reply fron ms：bytes=2800　time=276ms　TTL=112

Ping statistics　for 192.168.15.1：

Packets：Sent = 2，Received = 2，Lost = 0（0% loss），

Approximate round trip time　in milli-seconds：

Minimum= 276ms，Maxmum = 304ms，Average =290ms

2. ARP

（1）原理：ARP 即地址解析协议，在常用以太网或令牌 LAN 上，用于实现第三层到第二层地址的转换 IP 转换 MAC。

（2）功能：显示和修改 IP 地址与 MAC 地址之间的映射。

（3）常用参数：

① Arp -s：在 ARP 缓存中添加一条记录。

例：C：\>Arp -s 126.13.155.3 02-e0-fc-ff-01 -b6

② Arp-d：在 ARP 缓存中删除一条记录。

例：C：\>Arp -d 126.13.155.3

③ Arp -g：显示所有的表项。

3. Tracert

（1）原理：Tracert 是为了探测源节点到目的节点之间数据报文经过的路径。利用 IP 报文的 TTL 域在每经过一个路由器的转发后减 1，如果此时 TTL0 向源节点报告 TTL 超时这个特性，从一开始逐一增加 TTL，直至到达目的站点或 TTL 达到最大值 255。

（2）功能：探索两个节点的路由。

（3）常用参数：tracert ip_address。

例：C：\>tracert 172.16.0.99

```
Tracing route to 172.16.0.99 over a maximum of 30 hops

1   2s      3s      2s      10.0.0.1
2   75 ms   83 ms   88 ms   192.168.0.1
3   73 ms   79 ms   93 ms   172.16.0.99

Trace complete.
```

4．Route

原理：路由是 IP 层的核心问题，路由表是 TCP/IP 协议栈所必需的核心数据结构，是 IP 选路的唯一依据。

功能：Route 命令是操作、维护路由表的重要工具。

常用参数：Route print 查看路由表

例：C：/>route print

```
===========================================================================
Interface List
0x1 .......................... MS TCP Loopback interface
0x1000003 ...44 e0 4c 10 43 1d ...... Realtek RTL8139/810x Family Fast Ethernet NIC
===========================================================================
===========================================================================
Active Routes：
```

Network Destination	Netmask	Gateway	Interface	Metric
0.0.0.0	0.0.0.0	202.256.257.1	202.256.257.258	1

127.0.0.0	255.0.0.0	127.0.0.1	127.0.0.1	1
202.256.257.0	255.255.255.0	202.256.257.258	202.256.257.258	1
202.256.257.258	255.255.255.255	127.0.0.1	127.0.0.1	1
202.256.257.255	255.255.255.255	202.256.257.258	202.256.257.258	1
224.0.0.0	224.0.0.0	202.256.257.258	202.256.257.258	1
255.255.255.255	255.255.255.255	202.256.257.258	202.256.257.258	1

Default Gateway： 202.256.257.1

==

5．Netstat

（1）原理：Netstat 命令显示协议统计信息和当前的 TCP/IP 连接。该命令只有在安装了 TCP/IP 协议后才可以使用。

（2）功能：Netstat 命令的功能是显示网络连接、路由表和网络接口信息，可以让用户得知有哪些网络连接正在运作。

（3）常用参数：netstat -a

例：C：\>netstat　-a

Active　Connections

Proto	Local　Address	Foreign　Address	State
TCP	CORP1：1572	172.16.48.10：nbsession	ESTABLISHED
TCP	CORP1：1589	172.16.48.10：nbsession	ESTABLISHED
TCP	CORP1：1606	172.16.105.245：nbsession	ESTABLISHED

......

9.2.5　摄像机电源故障的维修

摄像机外部电源出现的故障种类也比较多，但主要有以下几种。

1．摄像机电压过低时可能出现的故障现象

（1）图像不稳定，同步不良，其中包括行频不同步，如图 9-7 所示；场频不同步，如图 9-8 所示。

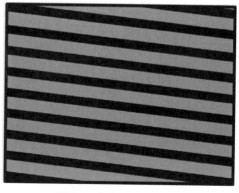

图 9-7　行频不同步

图 9-8　场频不同步

（2）图像对比度不够，此时图像反差较小，如图9-9所示。

（3）图像为黑色或没有图像。一些初学者由于经验不足，在设计带红外线灯的视频监控系统时，采用集中供电，由于没有考虑红外线灯的电流，从而造成白天工作正常，而到晚上则出现上述故障。

2. 摄像机电压纹波大时的故障现象

（1）图像不稳定，同步不良，故障现象与前面有点类似，不过有时还可能伴随S形图像扭曲，如图9-10所示。

图9-9　图像对比度不够

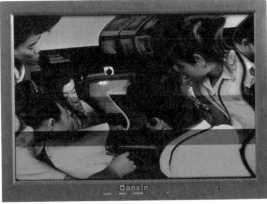

图9-10　S形图像扭曲

（2）图像上有两条白线或黑线缓慢移动，是摄像机电源滤波不良引入的干扰，如图9-11所示。

（3）变频动力设备、斩波设备或可控硅干扰时的图像。

图像上有两条白线或黑线缓慢移动，线有时会比较虚，通过电源净化器可以得到一定程度的抑制，这种干扰多来自变频动力设备、斩波设备或是可控硅负载系统。如图9-12所示为可控硅或电力变频引入的干扰。

图9-11　摄像机电源滤波不良引入的干扰

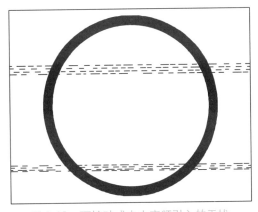

图9-12　可控硅或电力变频引入的干扰

图像上的干扰可能随可控硅电路负载的改变而改变，电网中使用可控硅的设备，特

219

别是大电流、高电压的可控硅设备，对电网的污染非常严重，这就导致了同一电网中的电源不"洁净"，这里说的不"洁净"是指在正常的电源（50Hz 正弦波）上叠加有干扰信号。如本电网中有大功率可控硅调频调速装置、可控硅整流装置、可控硅交直流变换装置等，都会对电源产生污染，而且干扰往往在斩波系统处于中等控制强度时最厉害。

对这类干扰可以试着通过采用电源净化设备或净化电源来解决，如采用交流电源滤波器或是在线式 UPS 供电的方式，往往能减轻或基本消除干扰。但这种方法对直接通过电源线引入的干扰有效果，对于有些以谐波方式辐射到空间的干扰效果就不太明显，因此在采取以上措施时，会因系统周围空间不同而效果不明显或有时管用有时不管用。此时也可考虑使用视频信号抗干扰器，此抗干扰器实际上是一个干扰波的陷波器，使用时要适当注意干扰的频谱分布，对症使用才有效果，由于陷波电路对频谱分布相同的图像信号也有较大的损伤，这种抗干扰器不适合用于全频谱分布的噪声干扰的抑制。

9.2.6　PoE 供电故障的维修

PoE 指在现有的以太网 Cat.5 布线基础架构下，在为一些基于 IP 的终端（如 IP 电话机、无线局域网接入点 AP、网络摄像机等）传输数据信号的同时，还能为此类设备提供直流供电的技术。如图 9-13 所示，PoE 供电利用 Cat.5 中原来空闲的 4、5（+）和 7、8（-）向设备（网络摄像机）提供功率不大于 15.4W 的电能。PoE 供电一般需要 PoE 供电用交换机、48V 电源适配器等。有的采用 PoE 合路器也可以利用普通交换实现 PoE 供电。

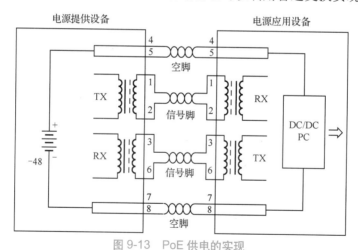

图 9-13　PoE 供电的实现

在使用 PoE 网络摄像机时，要认真检查摄像机及其所适应的 PoE 协议，并选用正确的线缆和 PoE 供电设备或交换机等，当 PoE 网络摄像机无法正常工作时，在供电方面可能有以下原因。

（1）未选用标准 PoE 供电交换机或供电设备。

目前通用的网络摄像头 PoE 标准有两种：PoE、PoE+ 和 PoE+ 兼容型。PoE 符合的标准是 802.3af，提供 48V 的电源，功率不超过 15.4W。PoE+ 符合的标准是 802.3at，提供 48 ~ 57V 的电源，功率小于 30W。

在选用交换机或供电设备时，要根据 PoE 网络交换机的性能来选用相对应的交换机或供电设备，如果摄像头适应的是 PoE（802.3af），必须是相应的适用 PoE 或 PoE+ 功能的供电设备或交换机，而普通的交换机则不能给远端摄像机提供电源；如果网络摄像头适应的是 PoE+（802.3at），需要更大的电源，交换机或供电设备也必须适应 PoE+ 协议，才能提供足够大的电源，而普通交换机或只适用 PoE 交换机就不能满足要求。

（2）网络电缆的好坏及 PoE 交换机的中端和末端跨接供电模式。

四对 UTP 五类线缆，通常在传输网络信号时，只会用到 1，2 和 3，6 电线对，（千兆网里 4，5 和 7，8 两电线对也会用），所以一些电缆厂家在制造线缆时，为节省线材，1，2 和 3，6 电线对会用铜线，而 4，5 和 7，8 电线对用铜包铁或铁线，这样在适用 PoE 网络供电时，使用中端跨接法和末端跨接法供电模式，会因为网线的质量不同而使供电效果会有较大的不同。

中端跨接法 PoE 供电是利用 UTP 线缆的传输数据信号的另外两对线供电，也就是 1，2 和 3，6 电线对传输网络信号，而 4，5 和 7，8 电线对传输电源；末端跨接法是用把电源加载在传输网络的线对上传输，通过数据和电源分离来实现电源的传输，也就是网络信号和电源都通过 1，2 和 3，6 电线对来传输。

所以，末端跨接法能较好地避免 UTP 线材不佳的状况，实现网络 PoE 供电，特别是已经布设下的线缆，选用末端跨接法供电可以减小施工的风险，提高线缆的利用率。

（3）中间有跨接其他设备导致 PoE 摄像机无法正常运行。

有些摄像头为了防雷和浪涌，在传输路线上加设网络浪涌保护器，普通网络浪涌保护设备，会消减或阻隔传输的 PoE 电源，以致不能给 PoE 摄像头正常供电。所以在选择浪涌保护器时，也需要选择相应的 PoE 浪涌保护器；不建议在传输路线上跨接其他设备，这样也会对 PoE 供电有影响。

（4）PoE 摄像机存有 PoE 电路故障。

IP 摄像机兴起后，一些生产厂家为了降低成本，选用市面上质量低劣的 PoE 电源模块，由于效率较低，PoE 供电设备在供电时，功率达不到标准 PoE 的 15.4W 或 PoE+ 的 30W，不能满足摄像头的供电需求。所以必须采用厂家的电源模块或电源适配器的 PoE 摄像头和交换机才能保证 PoE 的供电效能。

（5）摄像头受到雷击或浪涌冲击。

摄像头受到浪涌或雷击时，摄像头的电路会受到较大的损坏，因此摄像头也不能正常工作或供电。所以，在施工中摄像头一定要做好接地，在远距离传输中网线要用 PoE 网络浪涌保护器，以保护昂贵的 PoE 设备免受浪涌和雷击的破坏。

（6）部分网络摄像机断电无法重启。

一些 PoE 交换机断电再重起时，前端网络摄像机启动不了，需要重新拔插一下网线才可以，这有可能是个别设备的兼容性问题所致。

221

9.2.7 传输线路故障的维修

视频传输线路种类较多，这里主要介绍电缆系统出现的典型故障的维修。关于光缆部分典型故障的维修将在第 11 章介绍。

1. 视频、电信号在同轴电缆视频传输中可能出现的一些故障

（1）完全没有信号。

这种故障主要是由于传输线路断路、短路；BNC 接头制作短路。

（2）图像对比度低，图像同步不良，摇动视频 BNC 接头有时图像又会正常。

这种故障往往与质量差的 BNC 接头有很大关系：一是 BNC 头接触有问题，二是这个 BCN 接头使用年限很久了，针头部分可能有氧化了；三是传输距离太远。

此外，传输线的质量不好也有可能产生类似的故障。曾碰到过这样的现象：在中控室检修系统时，触及若干同轴电缆，结果画面抖动，且越来越多。后来发现是同轴电缆质量问题，该劣质电缆在使用一段时间后，内外导体间的绝缘介质收缩，BNC 连接器根部由于绝缘介质收缩（1cm 左右），只剩下焊接完好的内外导体，中间不再绝缘，稍有碰触，内外导体即发生短路。最终解决办法是重做了 BNC 头（没有换线）并在内外导体间加裹了一圈绝缘胶带。

（3）图像有网状纹路的干扰。

这种干扰的出现，轻微时不会淹没正常图像，如图 9-14 所示为外界开关电源引入的噪声干扰。而严重时图像就无法观看了（甚至破坏同步），如图 9-15 所示为直流电动机引入的噪声干扰。故障现象产生的原因较多也较复杂，大致有如下几种。

① 系统附近有很强的干扰源；BNC 接头屏蔽层可能有断路。

② 视频传输线的质量不好，特别是屏蔽性能差（屏蔽网不是质量很好的铜线网，或屏蔽网过稀而起不到屏蔽作用）。视频线的线电阻过大，会造成信号产生较大衰减从而加重故障。

图 9-14　外界开关电源引入的噪声干扰

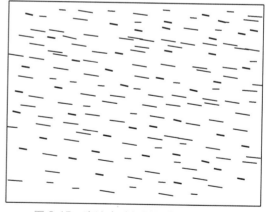

图 9-15　直流电动机引入的噪声干扰

③ 视频线的特性阻抗不是 75Ω 及分布参数超出规定也是产生故障的原因之一。

空间辐射引入传输线的干扰。这种干扰现象的产生，多半是因为在传输系统、系统前端或中心控制室附近有较强的、频率较高的空间辐射源。这种情况的解决办法一个是在系统建立时，应对周边环境有所了解，尽量设法避开或远离辐射源；另一个办法是当无法避开辐射源时，对前端及中心设备加强屏蔽，对传输线的管路采用钢管并进行良好接地屏蔽；第三个方法可考虑采用视频抗干扰器。

（4）监视器的画面上产生的若干条间距相等的竖条干扰，这说明干扰信号的频率基本上是行频的整数倍，分析原因可能有：

① 传输线的特性阻抗不匹配；

② BNC 接头接触不良。

传输线的特性阻抗不匹配是指视频传输线的特性阻抗不是 75Ω 而导致阻抗失配。如果用示波器观看被干扰图像的波形，会发现在行同步头的后肩上叠加有幅度较大的行频谐波振荡波形，干扰就是由此引起的。通过对波形的分析和对视频电缆的定量测量，还会发现这种阻抗不符合要求的视频电缆线其分布参数也是不符合要求的，这也是阻抗失配的原因之一。因此，也可以说，这种干扰是由视频电缆的特性阻抗和分布参数都不符合要求引起的。这种问题可以考虑用"始端串接电阻"或"终端并接电阻"的方法解决，这里值得注意的是，在视频传输距离很短时（一般为几十米以内），使用上述阻抗失配和分布参数过大的视频电缆不一定会出现非常明显的竖直干扰现象。因此，在一个传输距离远近相差很大的系统中，分析这种故障现象时不要受到短距离无干扰的迷惑。对于BNC 接头接触不良引发的故障，通常考虑重做 BNC 头或换新解决。

2. RS-485 总线信号传输中可能出现的一些故障

（1）RS-485 总线和强电电源线一同走线。

在实际施工当中，由于弱电布线都是通过管线走的，施工时为了图方便，有些工人直接将 RS-485 信号线和电源线绑在一起，由于强电具有一定的电磁辐射能力，因此对弱电有干扰，导致 RS-485 信号不稳定，从而导致通信不稳定。

（2）长距离、恶劣电磁环境下 RS-485 信号线没有使用双绞线或屏蔽线。

RS-485 信号线也可以使用平行线或非屏蔽线作为布线，但外界对其干扰影响较大，传输效果较差，所以在长距离、恶劣电磁环境下应使用双绞线或屏蔽线。这是因为RS-485 信号是利用差模传输的，即由 485（+）与 485（-）的电压差作为信号传输。如果外部有一个干扰源对其进行干扰，使用双绞线进行 485 信号传输的时候，由于其双绞，干扰对于 485（+）与 485（-）的干扰效果都是一样的，整体电压差依然是不变的，对于485 信号的干扰缩到了最小。如果加上屏蔽层的屏蔽作用，外部干扰源对于其的干扰影响还可以进一步缩小。

（3）RS-485 信号线布线时没有严格按"手牵手"方式布线。

部分工程技术人员在 RS-485 总线布线过程中，为图方便直接采用星形接线和树形接线，这样的系统有的时候非常稳定，有的时候则总是出现问题，又很难查找原因。实践证明一个没有借助 RS-485 集线器和 RS-485 中继器直接布设成星形连接和树形连接的网络，很容易因信号反射导致总线不稳定。

（4）RS-485 总线没有严格和规范地接地。

严格地说，RS-485 总线必须要单点可靠接地，所谓单点就是整个 RS-485 总线上只能有一个点接地，不能多点接地，因为要将地线（一般都是屏蔽线作地线）上的电压保持一致，防止共模干扰，如果多点接地则适得其反。可靠接地时整个 RS-485 线路的地线必须要有良好的接触，从而保证电压一致，因为在实际施工中，为接线方便，将线剪成多段再连接，但没有将屏蔽线进行良好的连接，从而使得其地线分成了多段，由于接地点电压不能保持一致，从而导致共模干扰。

（5）随意省略 RS-485 总线的端接电阻。

部分工程技术人员在 RS-485 总线施工中随意省略 RS-485 总线的 120Ω 端接电阻，因为随着 RS-485 总线传输距离的延长，在线路上会产生回波反射信号，如果 RS-485 总线的传输距离超过 100m，施工时应在 RS-485 总线的开始端和结束端分别接上 120Ω 的终端电阻。

9.2.8　设备搭配调整不当产生故障的维修

视频系统中设备搭配调整不当产生的故障也比较多，这里介绍几种在实际工程中出现概率较高的、比较有代表性的故障。

1. 动态侦测与照度不匹配引起的故障

故障现象为：系统在晚间照度不足的时候经常误报警，主要由于摄像机不是采用低照度的，同时也没有设置合适的红外照明或是可见光照明，多数摄像机是设置在 AGC 状态下，在本身灵敏度不足，外部照明又不足时，画面会出现许多大颗粒噪点，如图 9-16 所示，从而引发动态侦测报警。

2. 在室外环境下，采用固定光圈的镜头引起的故障

故障现象为：图像在某些时间正常，但在正午或早晚时刻图像质量很差，尤其在摄像机选择人工模式（MGC）时更明显，照度过大固定光圈人工控制模式时的图像如图 9-17 所示。

图 9-16　照度不足时的图像　　图 9-17　照度过大固定光圈人工控制模式时的图像

3. 小尺寸镜头配大尺寸 CCD 引起的故障

故障现象为：监视器图像上可能出现 4 个暗角，如图 9-18 所示为小尺寸镜头配大尺寸 CCD 出现暗角。

4. C 接口的设备与 CS 接口的设备混搭引起的故障

故障现象为：图像无法实现聚焦，当 CS 型接口摄像机与 C 接口的镜头搭配时，通过附加转接圈还是可以实现图像聚焦的，反之则无法实现图像的聚焦，接口混搭引起的聚焦故障如图 9-19 所示。

图 9-18 小尺寸镜头配大尺寸 CCD 出现暗角　　图 9-19 接口混搭引起的聚焦故障

5. 镜头光圈没有打开、自动光圈镜头控制线接错或没接起的故障

故障现象为：没有图像，但硬盘录像机或监视器上没有迹象表现同步头丢失，其实是有图像，只是图像是黑场。

6. 镜头上有指纹或太脏、光圈没调好或电子快门或白平衡设置有问题

故障现象为：图像质量不好，图像上有噪点，图像色彩失真等。

9.2.9 硬盘录像机设置产生故障的维修

硬盘录像机设置产生故障的维修

硬盘录像机在视频监控系统中起着举足轻重的作用，它除会有一些硬件故障外，多数情况下还经常会因设置不当产生一些软故障。

1. 矩阵或硬盘录像机云台设置不当引起的故障

故障现象为：矩阵或硬盘录像机无法控制云台或高速球，这里需要调整的是整个系统中矩阵或硬盘录像机与云台或高速球通信协议、通信地址、通信波特率。另外 RS-485 总线，在通信端口 A、B 端弄错时也会出现上述故障。

2. 在网络传输模式下，硬盘录像机 IP 地址设置不正确引发的故障

故障现象为：在专用局域网中，无法找到该硬盘录像机，所有图像无法正常传输。

3. 没有设置"自动覆盖"引发的故障

故障现象为：录像进行了一段时间后，不能继续下去，主要是没有设定"磁盘满后删除最早文件"。

225

9.3 视频安防监控系统故障案例分析

9.3.1 动态侦测误报警

某超市拟用硬盘录像机的动态侦测功能实现夜间的入侵报警，结果在完工后经常会出现硬盘录像机误报警。

经过检查发现由于超市夜间休市后照明电源被切断，而摄像机采用的是普通照度的摄像机，同时在照明关断后又没有红外照明，白天为了让图像输出正常，摄像机的增益控制被设置在自动增益控制（AGC）上，所以当照明关断后，摄像机在照度下降的同时，在 AGC 的作用下，将产生大量的雪花噪点，而这些噪点被动态侦测当成是发现目标而产生报警，解决的办法：增加可见光照明或红外照明；改用低照度的摄像机；如果整体环境许可试着将增益控制改为人工控制（MGC）。

9.3.2 电源设计容量不足

视频监控系统白天工作正常，晚上当红外线灯自动打开后图像反而很差，有的图像扭曲，有的甚至没有图像。

此类故障一般发生在摄像红外照明一体机上，而且多数是 12V 低直流集中供电，所以首先应检查晚上红外线灯自动打开后摄像机的电源工作电压，这时会发现摄像机的电源工作电压较低，有的甚至低于 9V，这样低的电压多数摄像机是无法工作的，如果发生此类故障，多数是在设计集中供电线路时，没有考虑摄像机旁边的红外线灯的电流消耗所致，一般来说普通 CCD 摄像机正常工作电流在 100 ~ 250mA，自带红外线灯电流根据实际情况的不同所消耗的电流为 500 ~ 1000mA，比摄像机要大许多，因此在设计线路损耗时要按红外线灯开启时的电流再加上摄像机工作电流之和进行设计。

9.3.3 矩阵（硬盘录像机）与解码器的地址匹配故障

这类故障主要表现为不能控制，但实际上从最后的结果来看无论是控制端设备和被控制端设备都是好的，这类故障的主要症结在于，控制端设备和被控制端设备往往不是同一厂家生产，他们对起始地址的命名存在不同理解，有的厂家将 0000 0000 地址命名为 0 号地址，有的厂家则将它命名为 1 号地址，因此往往会出现设备完好、协议波特率设置正确，地址看似正确，却始终无法控制，解决的方法是，地址加减 1 试试。

9.3.4 录像机连接摄像机经常掉线

录像机连接摄像机经常掉线可能有三个原因：①摄像机供电不稳定，如常在夜间掉线；

②网络线路问题，交换机交换性能不足；③摄像机故障。

　　如果是固定的几个摄像机出现掉线问题，建议通过交叉实验的方式排查，即把正常的摄像机接线和不正常的交换一下，来确认问题所在；如果是非固定摄像机出现掉线问题，建议检查下供电或交换机；如果是所有的摄像机同时出现掉线，先确认摄像机是否集中供电，电源的工作状态是否正常，交换机是否正常，录像机网口是否正常。

9.3.5　NVR 故障案例

　　这类故障的一般维修思路：由大到小，先解决大故障，再解决小故障，分区分片查找。找出故障的可循规律，是大面积（一个小区或是一栋楼）还是某几个点位故障，按一定规律查找故障的原因。

　　首先，对于大面积故障，看录像机和摄像头 IP 设置和规划是否合理，是否有 IP 冲突的可能，检查线路连接是否牢固，交换机、路由器和光纤收发器等的指示灯是否正常，观察指示灯在处理监控故障中，能起到事半功倍的效果。检查电源线路是否短路、开路。其次，对与个别设备的故障，先检查电源是否正常、网线水晶头是否正常，用测线仪检测网线确保线路正常，必要时可尝试更换摄像头。

　　（1）网络硬盘录像机不显示画面。

　　某客户反映网络录像机不显示画面，到现场时发现，门卫处的大屏解码器工作却很正常，使用笔记本搜索摄像头 IP 都能发现，通过 Web 浏览观看摄像头也正常，果断判断是 NVR 问题，检查 NVR 设置，客户将子网掩码设置错误，本来应该是 255.255.255.0，却设置成了 255.255.255.250。

　　（2）IPC 编码参数修改不成功。

　　IPC 编码修改完之后有自动变回去，这时请检查局域网是否有连接中控的 NVR，有的系统 NVR 对接自己 IPC 会自动设置最优参数，在"系统设置"—"通道"，把锁定参数禁用就不会再自动修改 IPC 编码设置了。

　　（3）NVR 会自动跳回主界面。

　　NVR 在点到别的界面（如录像回放）一段时间没有动的时候会自动跳回主界面，这是因为开启了自动锁屏，在"系统设置"—"常规"，把自动锁屏时间设为 0 即可。

　　（4）NVR 通道无法拖动。

　　NVR 通道拖动可以在"系统设置"—"常规"—"高级设置"—"通道拖动模式"中设置，共分为：允许通道拖动、禁止通道拖动、绑定通道号拖动三种模式。

　　（5）NVR 在显示器上显示不满屏或超界。

　　NVR 在显示器上显示不满屏有黑边或有一部分超出屏幕外，这个是由于显示器的比例和 NVR 输出分辨率比例不一致，可在显示器的菜单上设置自动调节屏幕或重新设置宽高比例解决。

　　（6）录像机分辨率高于显示器无法显示。

　　录像机分辨率超出显示器的支持范围无法显示，有的机型长按鼠标右键 5s，录像机分辨率会自动调成 1024×768。

（7）图像卡顿、延迟、掉线。

可以着重检查以下 5 个方面：①检查多台交换机连接的 IPC 数量是否均衡，若不均衡，可调整每台交换机连接 IPC 的数量，平均分配网络资源，有助于避免网络堵塞或不稳定情况出现；②简单计算交换机带宽资源是否足够，一般建议超过十台 IPC 使用千兆交换机，其次汇聚交换机与核心交换机必须使用千兆高性能交换机；③确定网线水晶头的压线是否良好，若不好时，应重做网线的水晶头压线或更换质量更好的水晶头，其次检查网线是否符合标准，网线质量与距离也是引起掉线的因素，需注意这些问题；④排查电路以确定网络线路是否断开，若断开重新连接线路；⑤若使用了光纤设备，请确认光纤收发器数据灯是否全亮，若全不亮，则是光纤收发器或线路故障引起的。

9.3.6 网络成环问题分析

网络环路指数据包不断在闭环网络传输，始终到达不了目的地，导致掉线或网络瘫痪。网络环路也分为第二层环路和第三层环路。

1. 网络成环的原因

（1）在不同交换机间互连形成网络环路，在制作网线时由于线序中 1、2 与 3、6 短路形成网络环路。

（2）在做负载均衡（有的称快速以太网通道 FEC 或端口聚合或链路捆绑）时，由于配置了一端的交换机，另一端的交换机（或服务器）没有配置，形成网络环路。

（3）在同一台交换机上，直接将网线连接到同一 VLAN 的两个端口，形成网络环路。

2. 网络成环的影响

（1）导致交换机 MAC 地址学习混乱。

（2）形成网络广播风暴。当网络中形成了网络环路，广播包在该 VLAN 中就回沿着环路一直不停地转发，由此不断地积累，从而形成广播风暴，造成网络拥塞。

3. 网络成环问题排查办法

（1）观察法：通过观察交换机的状态指示灯，来初步判断网络中是否存在环路，如果交换机中存在网络环路，将会引起网络广播风暴，导致在该环路中的设备都无法正常使用，交换机的指示灯状态是所有同 VLAN 端口的指示灯都一起快速同步闪烁。通常可以利用网络协议分析工具（如 Sniffer、NetXray 等），对一些反馈有问题的端口进行捕获数据包分析，通过监视端口数据包的流量、数据包的类型的统计信息进行分析。

（2）排除法：对初步判断有网络环路的 VLAN，对该 VLAN 端口连接的网线，先拔掉其中的一条，配合观察法，看其状态指示灯是否停止了一起快速同步闪烁，如没有，将该网线插上，再检查下一条，直到检查到拔掉网线该 VLAN 端口的状态指示灯就停止了一起快速同步闪烁为止。

9.4　视频安防监控系统维修实训

为适应工程中系统维修维护的实际情况及学生实践能力培训的需要，设计了视频安防监控维修维护实训系统，系统在露天实训场内有分成 4 组的共 12 个高速球摄像机，所有传输和控制线路分别汇集到室外控制箱中，传输线路分光缆和电缆两大部分，在室内的分接收端上有 12 个终端接线端子分成 4 组与露天实训场内的高速球对应，终端控制中心有控制、显示和视频上墙设备，通过以太网络与实训台建立连接，整个系统如图 9-20 所示，图 9-21 为上述室外控制箱尺寸和电气接线图。

实训项目 9-1：电缆传输视频信号调试与故障排查

根据图 9-20 的系统连接方式和图 9-21 室外控制接线图，将露天实训场的 12 个高速球摄像机分别分成 4 组，每组 3 个摄像机，通过同轴电缆的方式将图像传回每个分接收端，实训要进行电源线路、视频信号传输线路、指令控制线路查找与连接。整个连接过程需要对出现的故障进行排除。由于两个场地有一定的距离，维修过程需要用对讲机联络。

实训项目 9-2：光缆、电缆混合传输视频信号调试与故障排查

根据图 9-20 的系统连接方式和图 9-21 室外控制接线图，将露天实训场的 12 个高速球摄像机分别分成 4 组，每组 3 个摄像机，通过光缆的方式将图像传回每个分接收端，实训要进行电源线路、视频信号传输线路、指令控制线路查找与连接。整个连接过程需要对出现的故障进行排除。由于两个场地有一定的距离，维修过程需要用对讲机联络。

实训项目 9-3：汇总信号到控制中心的故障排查

根据图 9-20 的系统连接方式，将每个分接收端得到的模拟信号经过硬盘录像机的处理后全部通过 TCP/IP 网络送回到终端机房，进行 TCP/IP 连接时要设置 DVR 的 IP 地址，在终端还要对整个系统进行相应的软硬件设置，整个连接过程需要对出现的故障进行排除。

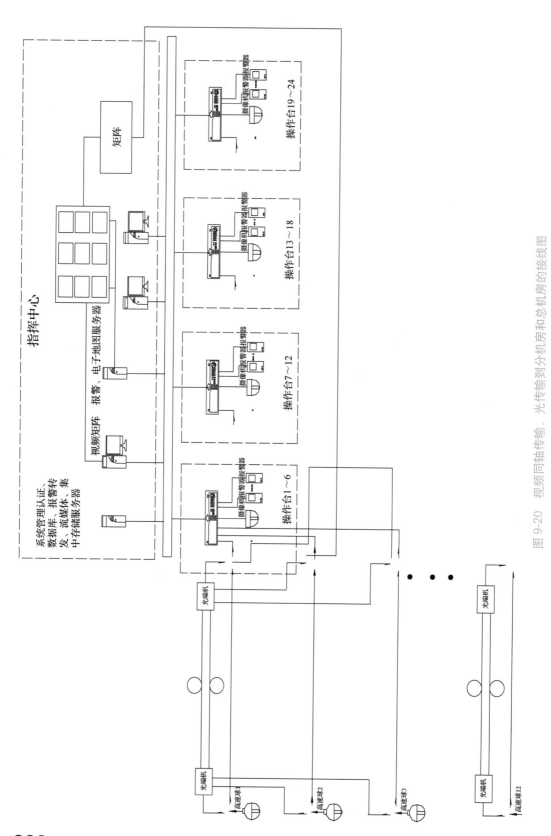

图 9-20　视频同轴传输、光传输到分机房和总机房的接线图

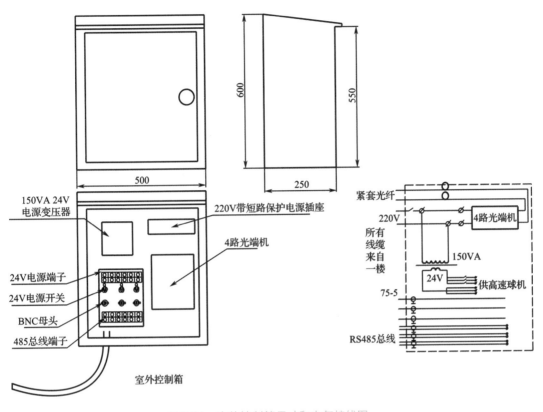

图 9-21　室外控制箱尺寸和电气接线图

9.5　作业

1．视频安防监控系统的日常维护要求有哪些？

2．视频安防监控系统的日常维护内容主要有哪些？

3．摄像机电压纹波大时故障现象有哪些？

4．RS-485 总线信号传输中可能出现的故障有哪些？

5．设备搭配调整不当产生故障现象有哪些？

6．视频安防监控系统日常维护的基本内容有哪些？

7．矩阵控制主机键盘无法操作云台和镜头的原因有哪些？

8．解码控制器电源灯亮但无法控制的原因有哪些？

9．网络视频监控系统故障的排查要点有哪些？

10．网络排查常用指令有哪些？

11．PoE 供电故障的排查要点有哪些？

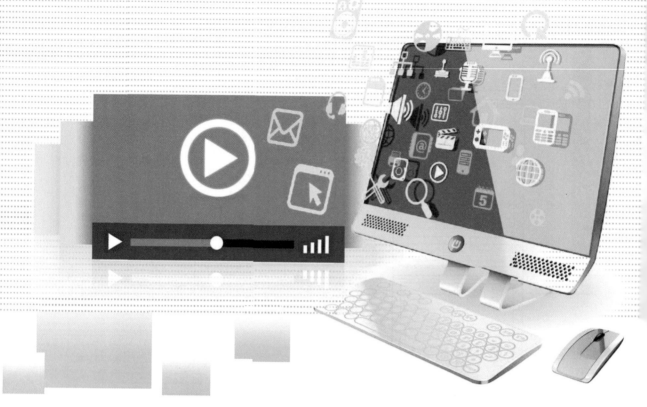

第 10 章 入侵报警系统及出入口控制系统维护与故障处理

概述

入侵报警系统和出入口控制系统是广泛应用的安防子系统，了解、熟悉和掌握入侵报警系统和出入口控制系统的日常维护，以及系统简单故障的排查，是安防系统维护工程师的一项基本技能，掌握入侵报警系统和出入口控制系统的故障现象分析思路、排除故障的方法和基本技能，将有力保障安防系统的稳定运行。

学习目标

1. 了解入侵报警系统和出入口控制系统的日常维护要求。

2. 掌握入侵报警系统和出入口控制系统各个组成部分故障的分析思路、排除方法和基本操作技能。

3. 根据不同现象分析故障原因并排除故障。

10.1 入侵报警系统的日常维护要求和内容

10.1.1 日常维护要求

（1）对每个探测器与主机所供电源的插座要经常检查，防止插头脱落。

（2）保证对探测器和主机的供电电压较恒定。

（3）由于室外探测器长期工作在室外,因此不可避免地受到大气中粉尘、微生物及雪、霜、雾的作用，长此以往，在探测器的外壁上往往会堆积一层粉尘样的硬壳，在比较潮湿的地方还会长出一层厚厚的苔藓，有时小鸟也会把排泄物拉到探测器上，这些东西会阻碍红外射线的发射和接收，造成误报警。通常间隔一个月左右，需要蘸上清洁剂清洗干净每一个探测器的外壳，然后擦干。

（4）及时排除遮挡，如遇树枝遮挡应予修剪。

（5）日常打扫卫生时，水不能溅到报警系统主机或探头上。

（6）定期检查系统线路，维护系统传输部分的稳定。

（7）根据使用情况不同，使用电池的探测器每隔 3～12 个月更换一次探头电池。

（8）每隔一个月要做一次触发报警试验，定期测试报警系统的工作状态，检验防盗系统的报警性能。

（9）要求会制订入侵报警系统设备保养计划，进行设备保养记录。

10.1.2 日常维护内容

入侵报警系统的日常维护内容如表 10-1 所示。

表 10-1 入侵报警系统的日常维护内容

序号	项目内容要求
1	确认紧急按钮、脚挑开关等安装牢固、清洁且不能自动复位
2	门磁开关调整间隙应符合要求
3	原系统配置的声音复核装置应工作正常
4	入侵和周界探测器功能有效，工作正常，探测范围符合工作要求
5	确认引起误报的障碍物
6	探测器位置是否移动，探测器固定符合设计要求
7	声、光报警器工作正常，声强符合规范要求，确认没有开关控制
8	报警控制主机和全部探测器应具有警情报警、故障报警、防破坏、防拆等功能，确认工作正常，报警事件记录确认
9	密码操作报警控制箱应清洁、牢固，确认工作正常

序号	项目内容要求
10	开关操作控制箱应清洁、牢固
11	时钟或程序操作控制箱应清洁、牢固
12	灯光报警控制箱应清洁、牢固
13	声响报警控制箱应清洁、牢固
14	打印输出控制箱应清洁、牢固
15	电话报警联网适配器语音提示应工作正常
16	保安电话应话音清楚
17	密码操作电话自动报警控制箱责任认定
18	电话联网、电脑处理报警接收机应有效
19	无线报警发送装置应没有杂音、有效
20	无线联网电脑处理报警接收机应没有杂音、有效
21	有线和无线报警发送装置应没有杂音、有效
22	有线和无线联网电脑处理接收机应没有杂音、有效
23	防区扩展模块应清洁、牢固
24	报警控制主机应齐全、有效
25	报警控制主机防区应齐全、有效
26	报警控制主机联动应齐全、有效

10.2 入侵报警系统故障的处理

10.2.1 探测器及线路故障的分析

1. 报警探测器

报警探测器经常发生故障误报和漏报，检修时应检查探测器连接、安装位置是否合适，灵敏度调节是否设定太高或太低，是否有探测范围以外活动物体引起的误报，此时应重新调节灵敏度、探测范围或安装角度，室内红外双技术探测器的误报率远远低于单技术红外探测器。

主动红外探测器出现故障时，应检查供电电源、射束是否对正、距离是否过远（室外距离应为标称距离的 50% ~ 60%）、连线是否有误等。多射束探测器应用观察孔逐个检查对正情况。调节水平和垂直方向调节螺钉，校正射束方向，使接收端光轴电压达到说明书要求的最低值以上。

2. 线路和电源

应检查线路连接是否正确，现场环境中是否有引起误报的干扰源存在，防区匹配电阻值是否符合要求和正确连接，是否有连线接触不良问题，报警探测器直流供电电源是否符合要求，电源纹波是否过大不符合要求，探测器防护罩是否正确安装好等。

报警探测器不通电，则应检查连线是否正确，探测器供电电源是否正常（9 ~ 14V$_{DC}$，主动红外探测器还可以用交流电供电来工作），灵敏度是否调整过低。

10.2.2　主机使用故障的分析

报警主机种类繁多，且报警主机硬件故障现象较多，这里主要介绍几种常见的主机硬件故障与解决方法。

1. 与主机相连的警号或报警灯不工作

检查是否有电池故障，接上电池并确保电池电压高于10.5V。否则检查接线是否正确。

2. 防区指示灯闪烁

检查防区线尾电阻是否接好。线尾电阻的接法与防区使用常闭回路和常开回路有关系，对于常闭回路（断路报警、短路正常），线尾电阻应与防区回路串联；对于常开回路（短路报警、断路正常）线尾电阻应与防区回路并联。

3. 主机加电后，键盘无反应，断电重新启动无效

检查键盘的电源是否正常，键盘信号线的连接是否正确。对照相关主机手册检查接线，更正错误。否则检查主机板是否有短路情况，如有则排除。

4. 主机接了交流电源，却不工作

可能是220V交流电源或变压器损坏，检查更换使其供电正常。如果主机上没有直流12V电压先检查熔断器是否烧断，如烧断则查明原因并更换新的。若更换熔断器后仍没有直流12V电压或电压不正常则需要维修主控板。

5. 键盘无法进入编程状态

（1）首先用万用表测量防区电压，如果只有几伏电压或没有电压，则判断总线有短路故障或负载太重，检查总线各节点和分支使其恢复正常。

（2）检查防区内是否有人在活动，如果有人，请他退出或默认该防区为正常。

（3）如果无人则检查该防区探测器工作是否正常，如果不正常则首先检查探测器电源，再检查探测器信号线是否断路。

6. 键盘上电源指示灯闪烁

未接后备电池电源，需要连接电池或默认该情况为正常；如果已连接要检查后备电池是否电压不足，电压不足的原因首先可能是充电时间不足，需要继续充电，其次是电池老化需要更换。

7. 键盘上防区灯亮不能实现布防

键盘上防区灯亮，说明这个防区有人活动或这个防区有问题，需要检查这几个防区直到防区灯灭了或旁路这几个防区实现布防。

10.3 入侵报警系统故障案例分析

10.3.1 主动红外探测器光轴偏差

　　某小区围墙上装的一对主动红外对射探测器经常误报警，其探测器型号为艾礼富的 ABT-100，使用距离为 40m，测量光轴电压为 0.3V，显然偏低，但一般报警不输出，当外界条件不好时容易误报警，分析原因可能有：投光器发射光功率骤减，光轴严重偏离。维修一般按从易到难的步骤进行，首先重新调试光轴，发现收效甚微，于是考虑可能是投光器发射光能力下降，但由于当时没有可以直接替换的设备，考虑到还有一种可能不经常出现但还是有可能出现的——投光器光轴与瞄准镜光轴不重合，重新调投光器的角度，方法是一边调投光器，对面由人工通过对讲机报光轴电压，调试中发现光轴电压明显上升，后经过反复调试光轴电压竟然升高到 2.8V 以上，此时再通过瞄准镜看受光器发现偏离准星 5m 多，可以得出这样一个结论：少数产品可能出现瞄准镜与光轴不重合的现象。因此在维修调试中应该引起重视。

10.3.2 双技术探测器误报警

　　某超市双鉴探测器经常在夜间误报警，分析原因可能有主机防区问题、线路干扰、探测器故障、外界环境或小动物干扰。

　　根据以上分析判断，首先将误报的那路与任意正常的一路对换，发现误报的那路跟着变化，由此可肯定故障不在主机上，换新的双鉴探测器后仍然误报，由此可肯定故障也不在探测器和线路上，剩下的最大可能就是外界环境或小动物干扰，于是用信封包住探测器，接下来一两个星期均未发生误报警，仔细分析原因可能是：原来探测器安装位置下面没有货架，后来超市方自行在探测器下放了个小货架，货架离探测器顶的高度只有不到 0.5m，可能在深夜有老鼠等小动物爬动才造成探测器误报警的。

10.3.3 主动红外探测器的先天缺陷

　　目前市面上出售的主动红外通常都有这样一个致命缺陷，当我们用一把遥控器（无论是电视机的还是空调的）对准主动红外的接收端，这时受光器都会显示有很强的接收信号，这时即便切断投光器，受光器也不会输出报警信号，如图 10-1 所示。这是因为这种受光器并不接收编码信号，因此只要有红外光入射，它就会认为是正常的，因此这种主动红外探测器在使用和维护中这个先天缺陷应该被重视起来。

图 10-1　主动红外探测器的缺陷演示

10.4　小型出入口控制系统日常维护要求和内容

10.4.1　日常维护基本要求

（1）出入口控制系统日常需检查读卡器、门锁、闭门器等部件是否有松动现象；

（2）应对电磁锁的功效进行定期检查；

（3）读卡器应定期用比较干的湿抹布擦拭；

（4）门控器的后备电源要定期进行带负载能力和持续时间的测试；

（5）应严格规定出入口控制系统专用微机不许玩游戏和随意上网。

10.4.2　日常维护内容

出入口控制系统维护内容如表 10-2 所示。

表 10-2　出入口控制系统维护内容

序号	项目内容要求
1	楼宇对讲系统主机应功能有效，时间误差小于 60s
2	对讲电话分机应话音清楚、功能有效
3	可视对讲摄像机图像应清晰
4	可视对讲机功能应有效
5	电控锁功能应有效，工作正常，应防拆
6	门开关状态应有效
7	出入口数据处理设备应齐全有效
8	读卡器应清洁、功能有效
9	键盘读卡器应齐全有效
10	指纹、掌纹等识别器应清洁、功能有效
11	电控锁确保机械和电动机正常

10.5　出入口控制系统故障的处理

10.5.1　读卡器故障的处理

1．刷卡不正常

检查软件运行是否正常，检查刷卡后的显示情况。重新启动后再次刷卡观察状况，如不正常则有可能是软件故障，需重新安装软件，安装软件后再次刷卡查看情况是否正常。如果是磁卡，还要检查磁卡是否被磁化或损坏，若是，则更换新的磁卡，重新设置直至正常。

2．读卡器不工作

检查读卡器连线是否正确、供电是否正常、读卡器是否正常、电源连接是否完好、传输线路是否正常，直至故障排除。

3．读卡器控制部分故障导致无法开锁

检查磁卡情况是否正常，若不正常则更换磁卡；检查密码输入是否正确，若不正确则重新输入正确的密码。

4．将卡片靠近读卡器，蜂鸣器不响，指示灯也没有反应，但通信正常

（1）读卡器与控制器之间的连线不正确，解决办法是纠正不正确的连线。

（2）读卡器至控制器的线路长度超过了有效长度（120 m）。设计时应充分考虑传输

线的线径。

5．将有效卡靠近读卡器，蜂鸣器响一声，LED 指示灯无变化，不能开门

（1）读卡器与控制器之间的连线不正确，解决办法是纠正不正确的连线。

（2）线路严重干扰，读卡器的数据无法传至控制器。解决办法是排除线路干扰源或采取屏蔽措施。

6．将有效卡靠近读卡器，蜂鸣器响一声，LED 指示灯变绿，但门锁未打开

（1）控制器与电控锁之间的连线不正确。

（2）检查给电控锁供电的电源是否正常（电控锁应该配置独立电源）。

（3）电控锁故障或锁舌与锁扣发生机械性卡死。

7．将有效卡靠近读卡器，蜂鸣器响一声，门锁打开，但读卡器指示灯灭

（1）控制器与电控锁共用一个电源，电控锁工作时反向电势干扰，导致控制器复位。解决办法是配置独立电源给电控锁供电。

（2）电源功率不够，致使控制器、读卡器不能正常工作。解决办法是更换容量足够的电源。

8．拿卡片感应，但门锁不动作

（1）检查感应主机电源是否有供应，面板的 POWER 灯（红灯）是否亮起。

（2）面板的 OK 灯（绿灯）是否亮，若亮，检查电锁电源及接点是否正确。

（3）面板的 DENY 灯（黄灯）是否亮，若亮，表示卡片没有登录。

（4）连续感应，请先将卡片移出感应范围，再感应一次。

9．按系统密码，却不能进入设定模式的各功能选项

（1）系统密码输入不完全，检查输入是否有如说明书所列的格式。

（2）整线不良，影响按键数据，请确认将电源线、控制线整线至显示屏后方的空处，以避免线材挤压线路板，造成接触不良、短路、干扰等情况。

10．读卡器发生不正常感应动作（常产生错误"哔"声）

（1）检查读卡器附近是否有未登录的感应卡片。

（2）读卡器的电源是否与其他读卡器或设备共享，若有，需将电源独立，因为其他设备的信号有可能会干扰主机。

（3）读卡器附近是否有其他的主机存在，若有，需将两台感应读卡器之间的距离加大以防止互相干扰。

11．门禁系统刚安装时使用一切正常，使用一段时间后突然读卡器不能读卡

（1）检查电源是否正常工作。安装前要选择质量好、功率大的门禁专用电源，如使用后出现这个情况就把电锁与读卡器分开供电，另加一个电源给读卡器单独供电。

（2）检查读卡器是否损坏。

（3）检查读卡器周围是否有强磁干扰。

（4）如果以上几步都排除，读卡器依然不读卡，则可能的故障原因为：读卡器设备使用一段时间会产生一些静电，长时间的静电积累造成用电量过大，使用时间越短出现这样的问题说明读卡器老化越快。

239

12. 门禁读卡器读卡速度突然变慢，感应距离变近了

（1）读卡器是否安装在金属上，读卡器如装在金属上，因为金属有屏蔽功能，读卡器发射的电波一部分被金属屏蔽了。安装时要观察读卡器安装环境，如读卡器后面为金属，在安装读卡器时要在读卡器后面加装一块塑料板（特殊材料）。

（2）是否为进出刷卡，如进出刷卡看两个读卡器间距多少。

（3）如进出刷卡，两读卡器安装距离过近也会出现同样的问题，两个读卡同时发射电波，电波相互干扰会造成读卡慢，过近的会不读卡。如要进出刷卡，两读卡器要错开30cm，如条件不允许，要在其中一个读卡器上加装一块屏蔽板。

13. 有一张卡在读卡机突然不能读

（1）换一张卡看是否能读，换一张卡如能读，说明读卡机没问题，问题出在卡上面，换一张卡还不能读，则说明读卡机坏。

（2）把这一张不能读的卡在不同的读卡器上尝试看是否能读。这一张卡在别的读卡器上也不能读，说明卡已坏，若在别的读卡器能读，说明卡片的发射频率受到外界干扰频率变了。

14. 有些用户指纹门禁经常无法验证通过

一些手指上指纹被磨平；手指上褶皱太多，经常变化；手指上脱皮严重的人员难于使用或根本不能够使用指纹进行门禁管理，出现这种情况时，可将该指纹删除再重新登记或登记另一枚手指，另外选择使用质量较好的指纹（褶皱少、不起皮、指纹清晰），尽量使手指接触指纹采集头面积大一些，登记完成后做一下比对测试；并建议多注册几枚备份手指指纹。

15. 门禁机打开后一直反复显示"请重按（离开）手指"

（1）使用久了，采集头表面变得不清洁或有划痕，会使采集头误认为表面有按手指，而并不能通过，所以出现此问题。这种情况下可以使用不干胶胶布粘贴采集头表面的脏物。

（2）指纹采集头的连线脱松或已松掉。

（3）主板芯片坏了。

10.5.2 控制器故障的处理

1. 控制器工作不正常

控制器不能正常工作时需查看控制器内部的连线情况及各部件工作是否正常，先断电再重新启动看运行状况，如仍不能正常运行，则检查软件系统工作是否正常，刷卡数据是否显示正常，数据有无丢失的现象。

2. 出入口控制系统使用一直正常，某一天突然出现所有的有效卡均不能开门（变为无效卡）的情况

（1）操作人员将门禁控制器设置了休息日（在休息日所有的卡都不能开门）。

（2）操作人员将门禁控制器进行了初始化操作或其他原因导致控制器执行了初始化命令。

3. 主机重新开机或电源灯明显变暗

检查主机电源是否与电锁电源共享，若是，需要将电源各自独立。因为为了使感应主机不受干扰，安装时主机电源应独立供应，不可与其他主机或设备共享。

4. 门禁机在接上电源开机后，液晶显示不完整，有时只显示一半，有时花屏

这种情况主要有两种可能：主板坏或是液晶的内部特性问题。

10.5.3　电锁故障的处理

1. 开、闭锁不良

检查闭门器工作情况，看其是否回位至正常闭锁的位置，开锁时锁孔是否卡锁头，调整锁孔位置使其开、闭锁正常。

2. 电插锁的动作缓慢

电插锁不同于磁力锁，电插锁制造工艺要求很严格，不是一般的厂家能掌握的，能够做得好的在国内也只有寥寥几家。一般来讲没有经过特殊工艺和使用特殊材料制造的电插锁在使用初期是不会有问题的，锁舌没有力，他们会利用减小锁舌回弹弹簧力的方法去实现电锁插的上锁动作，当然在不了解电插锁工作原理的情况下，会有一定的蒙蔽性，但拿起电插锁轻轻动一动，试试锁舌出来的状态就知道，很多锁的锁舌回弹弹簧力很小，使用时间一长，问题就出来了。

因为电插锁是利用电磁线圈产生磁场而工作的，对材料的要求很严格，一般的材料也能产生磁场，但磁导率不高，因此电磁线圈产生磁力小，锁的动作力量当然小，只好利用减小锁舌回弹弹簧力的方法去实现电锁插的上锁动作。锁舌回弹弹簧力跟电磁线圈产生磁力是相对应的，只有电磁线圈产生磁力足够克服锁舌回弹弹簧力，锁舌才出来，实现上锁动作，而且要求锁舌出来和收回的动作要干脆利落，不能有阻滞现象，否则不合格；另外没有经过特殊工艺处理的材料在电磁场的环境下容易磁化，产生残余磁力，时间越长积累越大，磁力越来越小，因此电插锁动作越来越缓慢，最后不动作，或者锁舌收不回去。

一般的情况下，没有经过特殊工艺和使用特殊材料制造的电插锁在使用半年到一年后就会出现动作缓慢和锁舌弹不出来的这种现象。

3. 断电开型阳极锁本体发烫

由于断电开型阳极锁平常处于通电状态，只有在开门时才断电，因此长时间通电发热是属于正常现象，而阳极锁工作温度约 50℃，因此在此温度上下是正常的。

4. 阳极锁安装好后无动作

（1）检查电源是否正常。

（2）检查门闩片方向是否正确。

（3）检查阳极锁与刷卡机接点（NO 或 NC）是否正确。

5. 拍打刷卡机会导致阳极锁产生开门动作

（1）检查所有接点是否有松动。

（2）由于有些公司阳极锁内有 CPU 控制动作，与市面上许多机械控制的阳极锁不同，若前项检查无问题，则此问题乃是因为刷卡机的 NC 接点在拍打时产生瞬间跳动，导致微电脑误判为开门动作，依照该阳极锁说明书的接线方法安装便可解决此问题。

6. 磁力锁安装完后发现拉力不足

（1）检查磁力锁内的电源选择是否正确（12V 或 24V）。

（2）检查电源的规格是否符合需求（12V/2A）以上。

（3）安装磁力锁时，特别注意说明书中吸附板的安装方法，若吸附板安装过紧无法稍微晃动，而造成吸附板无法与磁力锁本体紧密吸附，就会出现拉力不足的状况。

7. 磁力锁送电后，铁板吸不住

（1）电源灯没有亮，检查电源是否正常供电。

（2）检查连线是否正确。

（3）如果电源灯有亮或微亮，需要更换专业电源或更换优质线材且长度不应超过 10m。

8. 磁力锁铁板吸住，但有微微振动就吸不住

检查磁力锁主体表面与铁板是否平贴。

9. 磁力锁使用一段时间后，铁板吸不住

（1）检查磁体表面是否有异物，如灰尘等。

（2）检查电源是否供应正常，如电压减小。

10. 磁力锁铁板常常需要调整

（1）检查铁板是否有装橡皮垫。

（2）检查铁板是否有装导正插销。

（3）建议将螺钉上"螺钉紧固剂"。

11. 磁力锁在关门时声音大

（1）检查是否装减震片。

（2）检查铁板端螺钉是否太松动。

（3）检查磁力锁主体与铁板间距是否适当。

12. 有些玻璃门安装锁使用一段时间发现，锁舌下来门无法关闭

（1）打开门，不要关门，过一段时间看锁舌是否下来。如锁舌还下来，说明锁已坏。

（2）打开门即关闭，看门关闭时是否有来回摆动。如门有来回摆动，当门在关闭时锁舌已下来，说明玻璃门的地簧出现问题了。锁坏需要更换新锁或维修；地簧出问题，一是重新来调地簧，二是安装门禁要用带门磁侦测的电锁，如安装时没有配带门磁侦测的锁，必须调地簧或换地簧，再则就是换锁。

10.5.4　传输线缆故障的分析

1. 传输要求

（1）联网控制型系统中编程／控制／数据采集信号的传输可采用有线和／或无线传输

方式，且应具有自检、巡检功能，应对传输路径的故障进行监控。

（2）具有 C 级防护能力的联网控制型系统应有与远程中心进行有线和 / 或无线通信的接口。

2. 故障分析与排除

1）出入口控制系统设备连接好后，用软件测试发现其不能与微机通信。

（1）采用 RS-422 通信方式时故障产生的原因。控制器与网络扩展器之间的接线不正确；控制器上跳线开关处于闭合状态（通信方式为 RS-232）；控制器至网络扩展器的距离超过了有效长度（1200 m）；在软件设置中，设备地址号与设置、连接不对应；线路干扰，不能正常通信。此外，应检查微机的串口是否正常，有无正常连接或被其他程序占用，排除这些原因后再测试。

（2）采用 RS-232 通信方式时故障产生的原因。控制器与微机串口之间的接线不正确；控制器上跳线开关处于断开状态（通信方式为 RS-422）；控制器至微机的距离超过了有效长度（15 m）；在软件设置中，设备地址号与实际设置、连接不对应。此外，应检查微机的串口是否正常，有无正常连接或被其他程序占用，排除这些原因后再测试。

2）TCP-IP 网络门禁控制器无法通信。

（1）首先了解是新装门禁就无法通信，还是安装一段时间后，突然无法通信；客户的网管最近有没有对网络做相关的设置和限制。这些对快速确定故障将会有很大帮助。

（2）在维修中应该携带来替换测试用的备用门禁控制器、万用表、带网口的笔记本电脑、一个四口的小 HUB 等工具。

（3）网络型门禁系统的通信故障勘察，要求技术人员具备一定的网络知识，或者要求客户的网管予以配合。其原理和局域网内一部带网卡的计算机一样。可以把控制器先放在小型局域网内或用自带的小 HUB 搭建的一个小网络测试，判断控制器本身是否有问题，再查出故障源。

（4）不要试图用交错线将计算机和控制器连接测试，因为这种连接方式往往不被系统支持。建议将控制器和计算机网卡都用直联网线连接到 HUB 上进行测试。

（5）小型局域网（相同网段，结构比较简单的网络，处于同一路由器下）控制器 Rx（Link）灯，如果常亮，表明线路基本是连通的，如果不亮，则可能是网线线路断了；端子没有做好；线没有压到位，是虚的；RJ45 网络端子在 HUB 或控制器端没有插好；HUB 没有供电；网线线序乱了，不是直联网线。如果控制器 Rx（Link）灯常亮，表明接线大致没有问题，继续根据软件的内容进行测试。

（6）中大型网络（有跨网段设置），如果是跨网段的中大型局域网，不能通过选择"小型局域网"来自动"傻瓜"化地通信，需要选择"中大型网络"选项，并设置相应的 IP 地址，和设置一台计算机的方法一样。无法通信的原因可能有：客户的网络有硬件防火墙做了相应的限制；网段和 IP 的设置不正确；和别的计算机网卡或控制器设置了相同的 IP 造成冲突。一般设备都有默认的端口，客户的网络是否对该端口有限制，请客户网管放开这个端口的限制，或者告诉一个可用的端口号，在软件中设置为该端口号。在小型网络中设置好，再放到大型网络里用。如果通信有问题，可以先拿到小型网络里来测试控制器本身是否有问题还是设置不对。

（7）通过互联网联网的门禁系统无法通信的原因可能有：是否申请了可用的虚拟域名，虚拟域名是否填写正确；虚拟域名的提供商在这个时候的服务器是否正常（也许正在维护，过几个小时再试一试）；路由器的相关设置是否正确，是否使用了推荐指定型号的路由器（不同路由器可能功能支持不一样或设置方法不一样）。

3）读卡设备与软件无法连接通信。

（1）检查通信转换器是否损坏，如通信转换器已坏，原因有两种：通信转换器质量问题和通信线路上有比较高的静电。通信转换器坏，更换；如线路上有静电，要换成外接电源的转换器。

（2）检查线路是否有短路现象，如短路说明线路可能出现破损，要及时排除，否则会损坏读卡设备的通信模块。

（3）查读卡设备通信模块是否损坏，如读卡设备通信模块坏，看是否强电过高或通信线路有强静电，读卡设备通信模块坏，可更换通信模块或换读卡设备；如通信线有静电，使用有屏蔽的通信线后接地。

4）门禁机不能通信。

（1）通信端口设置不正确，选择连接的通信端口不是实际所用的COM口；

（2）计算机的通信端口波特率与考勤机的波特率设置值不同；

（3）门禁机未接电源或未与计算机连接；

（4）门禁机已连接但未开机；

（5）连接的终端机号不正确；

（6）数据线或转换器不能通信；

（7）计算机的COM口损坏。

5）门禁机通信连接时发出"滴滴"的鸣叫声。

（1）使用RS-232通信时如出现上述现象，则是计算机的波特率与考勤机的波特率设置不一致。

（2）若是使用RS-485通信，则可能是转换器通信线的两根线接反，或者是两根线短路。

6）门禁机管理中进行操作时，下载指纹及密码数据都没有问题，但在读取门禁记录时却提示失败或中途出错。

这种情况可能与数据线、转换器，或计算机的COM口有关，这时可以降低门禁机与计算机的通信波特率，如设为19200或9600，再进行读取。

7）RS-485总线系统的常见故障。

（1）若出现系统完全瘫痪，大多因为某节点芯片的VA、VB对电源击穿，使用万用表测VA、VB间差模电压为零，而对地的共模电压大于3V，此时可通过测共模电压大小来排查，共模电压越大说明离故障点越近，反之越远。

（2）总线连续几个节点不能正常工作。一般是由其中的一个节点故障导致的。一个节点故障会导致邻近的2～3个节点（一般为后续）无法通信，因此将其逐一与总线脱离，如某节点脱离后总线能恢复正常，说明该节点出现故障。

（3）集中供电的 RS-485 系统在上电时常常出现部分节点不正常，但每次又不完全一样。这是由于对 RS-485 的收发控制端 TC 设计不合理，造成微系统上电时节点收发状态混乱从而导致总线堵塞。改进方法是将各微系统加装电源开关然后分别上电。

（4）系统基本正常但偶尔会出现通信失败。一般是由于网络施工不合理导致系统可靠性处于临界状态，最好改变走线或增加中继模块。应急方法之一是将出现失败的节点更换成性能更优异的芯片。

（5）因 MCU 故障导致 TC 端处于长发状态而将总线拉死一片。不要忘记对 TC 端的检查。尽管 RS-485 规定差模电压大于 200mV 即能正常工作。但实际测量时一个运行良好的系统其差模电压一般在 1.2V 左右（因网络分布、速率的差异有可能使差模电压在 0.8～1.5V 的范围内）。

10.6　出入口控制系统维修案例

10.6.1　大门控制器故障两例

（1）某铁大门出现如下故障，按下开大门和关大门按键，都不起作用，按下无线遥控按键也不起作用，图 10-2 所示为该门控制器主板，首先测量 7805 输入和输出端，都没有电压，再测量交流输入端，电压正常，检查初级和次级熔断器都是好的，把初级熔断器拿下，在熔断器两端串入数字电压表，示数为 8.9V，由于数字电压表阻抗极高（1～10MW），而且可以测到一个小电压，则可以基本认为问题出在变压器上，由于变压器没有任何烧焦的痕迹，初步判定应该是变压器内部的温度熔断器熔断所致，由于一时没有合适的变压器可以直接替换，可以采用第 4 章 4.1.3 节所介绍的方法进行应急维修，短路温度熔断器后，故障排除。

（2）还是该大门控制器，后来又出现这样的故障，大门打开后不能关闭，所有按键和遥控按键都不起作用，首先测量 7805 输入和输出端，电压正常，怀疑是微处理器死机，断开交流输入半分钟后，再启动，故障依旧，原本以为是主板损坏，先直接通过驱动电动机先把门关上，后来再观察主板时发现右下角有"开门到位"和"关门到位"两个接线端子，用万用表电压挡测量这两个接线端子对地的电压（地可以取 7805 的散热器端，因为 7805 散热器就是接地的），发现都是 15V，这个肯定存在问题，这是一个互为矛盾的量，不可能存在同样的电平，也许问题就出在这里，于是拆下"关门到位"端子上的线，再测量端子上的电压，为 0V，这样按下了关门按键，门关起来了，但不会自动停止，需要人工按停止按键才会停止。再把刚才拆下的线连上，测量"开门到位"和"关门到位"两个接线端子上的电压，一高一低，完全恢复正常，并且多次再开门、关门都没有问题，这个应该是外围的门状态传感器出现的偶发故障所致。

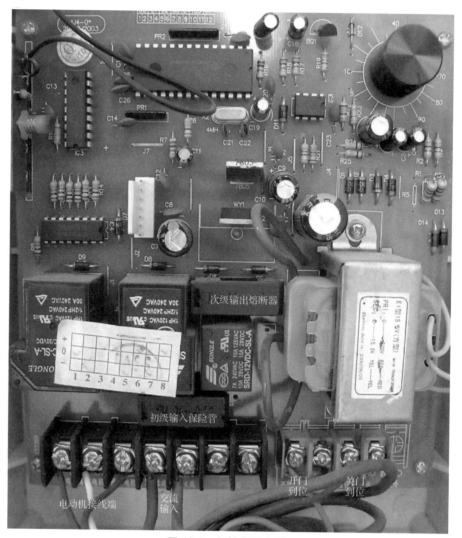

图 10-2　门控制器主板

10.6.2　掌形仪接地错误引起的故障

曾有学生在某工程中将掌形仪与读卡机按图 10-3 所示的方式进行连接，结果发现掌形仪工作正常，但读卡机无法正常联网工作，断开掌形仪后读卡机工作正常，说明读卡机没有问题，连上掌形仪，读卡机又不能正常工作，测量读卡机电源电压，没有发现异常。起初与厂家多方沟通，并没有找到解决问题的方法，后对掌形仪进行了单独研究，发现其内部还有一个桥式整流电路，应该是为方便施工，无须区分正负电源而设立，于是想到掌形仪之地与电源负极（我们通常设计的地）中间还隔了一个二极管，于是试探将读卡机的地与电源的负极直接相连，如图 10-4 所示，通电试验故障消失了。

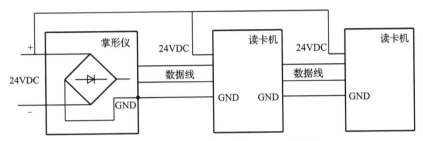

图 10-3　掌形仪与读卡机之间不正确的接地

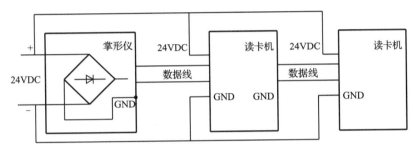

图 10-4　掌形仪与读卡机之间正确的接地

10.7　作业

1. 判断主动红外探测器的投光器（发射端）的依据是＿＿＿＿＿＿＿。
2. 判断主动红外探测器的受光器（接收端）的依据是＿＿＿＿＿＿＿。
3. 主动红外探测器的接收端指示灯不亮，一般都有哪些原因造成的？
4. 主动红外探测器先天缺陷是什么？如何克服？
5. 主动红外探测器电源电压故障一般是由什么原因引起的？怎么解决？
6. 主动红外探测器光轴不对称，如何调整？
7. 常见报警主机硬件故障包括哪些？如何解决？
8. 报警主机若不能布防，请说明原因，如何解决？
9. 入侵报警系统维护的要点有哪些？
10. 主动红外探测器在室外维护调试应注意什么？
11. 系统中被动红外探测器经常误报，应怎样查找故障？
12. 出入口控制系统日常维护需要注意的内容有哪些？
13. 如果刷卡时读卡器反应正常，但是无法开门，试分析可能的原因及解决方案？
14. 原有的指纹读卡器一直正常，但某些人常常无法验证通过，试分析原因有哪些？
15. 原有的某张卡忽然在不能使用了，试分析原因？

16．磁力锁在关门状态吸不住的原因有哪些？

17．通过管理平台检索不到某个网络控制器的原因有哪些？

18．一直正常的门禁系统某天如有若干控制器同时重启，导致所接的电控锁全部打不开，几十秒后系统又恢复正常，但这样故障不定期出现许多次，请分析出现故障可能的原因，并提出排除故障方法？

实训项目 10-1：在室外实训场进行主动式红外报警探测器与主机的联调及故障排除

将艾礼富的 ABT-150 的主动红外探测器安装在室外实训场，安装布局如图 10-5 所示，这是一个利用 4 楼楼顶进行改造的教学实训场，请按图上的对应关系，找到各主动红外探测器的位置，并连接到报警主机上，实训内容：

1．找到各探测器对应的电缆，并测量好坏，若有故障需要排除后，再进行连接；

2．首先进行光学瞄准镜粗调，确定投光器与受光器光轴的大体方向；

3．通电后，再进行光轴电压测量的细调，直到将光轴电压调到不能再高的位置（实验下来最好能调到 3V 以上）。

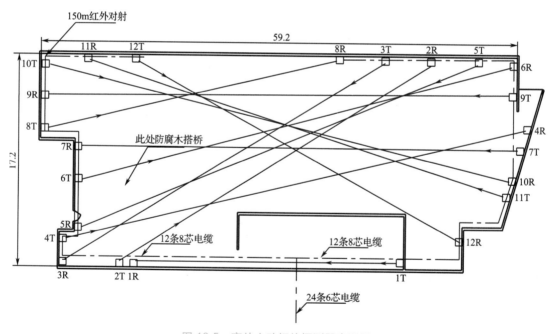

图 10-5　室外主动红外探测器实训场

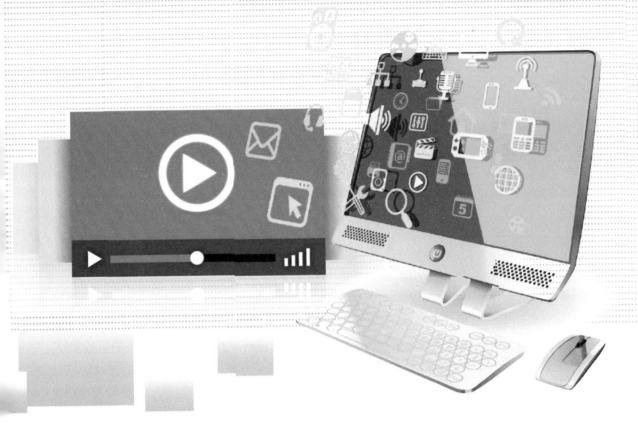

第11章 小型安防系统机房维护与故障处理

概述

　　安防系统机房是整个安防系统的中枢，往往也是整个系统中造价最高的部分，安防系统机房的维护与故障排除技能是安防系统维修维护工程师的进阶技能之一。通过本章对机房系统出现的部分故障的演示和排除，力图使学生掌握一些安防系统机房故障处理的基本方法和手段。

学习目标

1. 了解、熟悉小型安防系统机房日常维护要点；
2. 了解、熟悉机房后台管理软件故障分析与维护方法；
3. 了解、熟悉机房电源系统故障的维修方法；
4. 了解、熟悉机房传输系统故障的维修方法；
5. 了解、熟悉机房记录、显示系统故障维修方法；
6. 了解、熟悉接地系统不均衡所引起故障的维修方法。

11.1 安防系统机房日常维护的要求和内容

11.1.1 小型安防系统机房日常维护要点

机房实际是一个系统工程，机房设备及系统的维护应落实在日常管理中，其中维护要点包括以下几个方面。

1. 日常维护事项

在安防系统机房日常维护工作中，应重点做好设备的日常保养并使其规范化、制度化、责任化。如保持仪器设备良好的工作状态，做好清洁保养工作；建立完整的值班制度，要求值班人员应按日做好运行、维护记录；每季度至少应对所安装的设备检查检测一次；设备投入运行两年后，要进行必要的功能试验，合格者方可继续使用，不合格者不得继续使用。对每个设备提供电源的插座要经常检查，防止插头脱落。保证对每台设备和监控中心的供电电压比较稳定。对监控中心的监控控制设备要专人专管，禁止非监控人员操作。

2. 设备工作环境维护

安防系统机房要求保持环境的干净，有适宜的温度和湿度，防止鼠虫进入，注意防尘、防震、防潮、防高温，这些如果不注意容易使硬盘、系统主板、UPS主机等硬件出问题。

通常要求监控中心机房的环境温度保持在 20℃～25℃。一般来说，过高的温度会使设备运行不稳定，且由于机器散热不好，会影响机器内各部件的正常工作，容易加速设备的老化。若室温过低，设备也有可能出错。

若设备环境湿度太大，超过 80% 时，会因为结露使电子设备内的元器件受潮变质、电路绝缘性能下降，甚至会发生短路而损坏设备。相对湿度也不能低于 20%，否则会由于过分干燥而产生静电干扰，引起设备出现错误动作或损坏设备。

如果设备环境经常性地受到振动，很容易让那些机械接触性的电路连接产生接触不良的现象。对计算机设备来说，硬盘是一个怕灰尘又怕振动的部件。因此，应当将这类易受振动影响的设备放置在振动小的位置，或采取一定的隔离保护措施。

3. 电源环境维护

电源是所有电子设备的动力来源，电子设备的工作需要一个稳定、干净、标准的供给电源。电源系统的维护，就是要经常对自发电设备、低压配电柜、电力变压器、电力线路等电力设施进行巡视，发现问题及时处理。而目前多数机房电源系统都以 UPS 为核心，主要负责为服务器、计算机、硬盘录像机、入侵报警主机、出入口控制主机提供电源。UPS 在使用中应注意以下几点。

（1）UPS 系统主机中的参数在使用中不能随意改变。

（2）避免带负载启动 UPS 电源，应先卸掉负载，等 UPS 启动后再加上负载，否则可能造成 UPS 电源瞬间过载，严重时会损坏 UPS。

（3）不要使 UPS 电源经常处于满载或过载状态。

（4）要注意环境温度，它对电池的容量和寿命影响比较大，一般要求在 20℃～25℃，低于 15℃时，容量会下降，而温度高于 30℃时，寿命会缩短。

（5）要防止电池短路或深度放电，深度放电会造成电池内阻增大或充电电压达不到额定值从而导致电池电压降低甚至让电池失去充电能力。

（6）要避免大电流充放电，否则会造成电池极板膨胀变形，使得极板活性物质脱落，内阻增大，容量下降，电池寿命缩短。

（7）搬运电池时不要触动极柱和安全排气阀。

（8）不能用二氧化碳灭火器，一旦发生火灾，可用四氟化碳之类的灭火器。

（9）不能把不同容量、不同厂家、不同性能的电池串联在一起，否则会影响整组蓄电池的性能。

（10）单体电池电压不能低于标称值的 70%，一旦发现电池电压异常、物理损伤、电解液泄漏、温度异常等现象，应及时找出原因并及时更换有故障的蓄电池。

4. 电子设备的维护

电子设备的维护主要是依据各类不同设备的使用要求，有针对性地进行维护。要保持各类电子设备的机架与机壳卫生，如控制台、屏幕墙、计算机等主要设备的外表面清洁。设备内部由技术人员定期用吸尘器进行清洁。在使用同时注意观察设备的异常发热、焦味、噪声等现象及旋钮、引线、螺钉等脱落的现象；通过中心的操作随时发现系统各部位可能出现的故障。定期检查电缆接头是否接触良好，接地是否良好，线路是否畅通，如接头是否氧化、电缆是否损坏等。

在电子设备的附近应避免有干扰源。在电子设备工作时，还应避免附近存在强电设备的开关动作。因此，在机房内应避免使用电炉或其他强电设备。定期清理控制台或设备的换气扇空气过滤网，给风扇轴承上润滑油，保证其散热正常。

5. 计算机的维护

多数机房都配有计算机、硬盘录像机、大屏幕监视器等设备，许多计算机甚至是机房安防系统的中枢，在日常管理中应注意。

（1）应定期对计算机系统进行备份，以便计算机系统出现故障时能够对计算机系统进行及时恢复。

（2）应定期对计算机硬盘进行扫描维护，避免长时间运行造成系统性能下降。如定期进行磁盘的碎片整理，定期进行扫描修复，定期进行磁盘清理等。

（3）定期对计算机系统数据库进行维护，对数据库进行备份后，当系统无法恢复时尚可通过重装系统，通过恢复数据库达到恢复系统的目的。

（4）定期检查应用软件设置是否被更改，定期对计算机进行病毒扫描，也是非常重要的。

（5）严禁在设备的计算机终端上玩游戏，禁止装入其他无关的软件或将计算机挪用。

（6）发现问题须及时处理，处理不了的问题应立即与有关单位联系解决。遇到紧急情况不要慌张，切忌手忙脚乱。

（7）出现设备瘫痪等重大事故时，应按照重大问题处理预案进行排除，并立即通知相关单位。

（8）维修时按设备相应规范说明书来进行，避免因人为因素而造成事故。

（9）禁止擅自对设备进行复位、加载或轻易改动数据。如果确需更改，要在更改之前要做好数据备份，改动后一周内确认机器运行无误，再删除备份数据。

（10）严禁使用终端软件以外的其他软件直接对数据库进行查询和修改，以免出现不良后果。

6. 防雷和接地的维护

（1）每年雷雨季节前应对接地系统进行检查和维护。主要检查连接处是否紧固、接触是否良好、接地引下线有无锈蚀、接地体附近地面有无异常，必要时应挖开地面抽查地下屏蔽部分的锈蚀情况，如果发现问题应及时处理。

（2）接地网的接地电阻应每年进行一次测量。如不满足使用要求，应重做接地网。

（3）每年雷雨季节前应对运行中的防雷器进行一次检测，雷雨季节中要加强外观巡视，发现防雷模块异常应及时处理。

11.1.2　日常维护内容

安防系统机房维护的项目和内容可参考表 11-1。

表 11-1　机房维护项目和内容

维护项目	维护内容	周期
UPS 主机	定期检查输入、输出接线端子的是否被氧化	年
	定期检查、清洁主机风扇及通风口	半年
	定期检查主机上各按钮的功能	季
	定期检查输入、输出电压；负载情况	月
蓄电池	定期检查、测量整组电池的浮充电压，单体电池浮充电压，并做好记录	半年
	人为断电，让 UPS 电源在逆变状态下工作一段时间，防止电解液沉淀，以便让蓄电池维持良好的充放电特性，延长其使用寿命	季
	检查电池是否损坏，壳、盖间有无泄漏，表面是否有灰尘等杂物，电池架、连接线、端子是否有松动或锈蚀等	半年
硬件电子设备	定期检查系统线路，防止发生线路断掉的情况或是漏电的情况	半年
	定期检查设备连线，防止发生线与设备连接松动，而使设备工作不正常	半年
	定期检查网线与设备连接处，防止网线脱落，松动而使系统工作不正常	半年
	定期清洁前端摄像机及其电源线路、传输线路，防止灰尘、潮气等天长日久影响监控效果	半年
	定期检查室外防护装置，防止设备被毁	半年

续表

维护项目	维护内容	周期
硬盘录像和计算机设备	定期检查录像回放，防止因偶然发生的情况而使录像设置发生改变	月
	定期检查录像回放，通过检查录像回放来发现是否有时间段录像没录上，从而查找问题，防止到事故发生时发现这段时间没录上，而产生损失	月
	定期检查监控是否在录像，防止突然断电而使软件数据库损坏，如果数据库损坏而未被修复，就会发生不能录像的情况，这时就要手动修复数据库	月
	定期检查操作系统日志，防止出现硬盘损坏，而使系统不能录像。每天须参照日常维护操作指导的相关内容，进行常规检查和测试，并做好记录	月
防雷接地的维护	检查接地连接处是否紧固、接触是否良好、接地引下线有无锈蚀、接地体附近地面有无异常	年
	接地网的接地电阻	年
	检测运行中防雷器	年
入侵报警主机	定期检查主机板的输入、输出端子、进行功能性测试	季
	定期检查蓄电池的容量，定期做放电试验	季

11.2　机房系统故障的维修

11.2.1　机房电源系统故障的维修

安防系统的机房除一些特大系统或专用系统需要独立设计外，一般系统都从属于弱电监控机房系统内容的一小部分，在设计上应遵循 GB50174—2008《电子信息系统机房设计规范》。因此这里简单介绍一些小型安防系统的中心机房中出现的一些典型故障。

1. 机房总电源故障的维修

图 11-1 所示为安防系统维护与设备维修电源原理图，机房采用三相电源输入，UPS则采用三进单出的 15KVA 在线式。三相电源进入总闸分四路，一路供空调、两路备用（可用于其他系统或增加其他设备），另外一路经过 UPS 给安防系统的设备提供电源，为方便维护 UPS，在 UPS 旁边还设置了旁路回路，这样万一 UPS 有问题可以直接经过旁路开关旁路 UPS，在 UPS 负载下又设计了 18 个自动空气断路器（俗称空气开关）分别为各用电设备（如服务器、电视墙、硬盘录像机、出入口控制主机、入侵报警主机等）供电。

常见故障的分析：

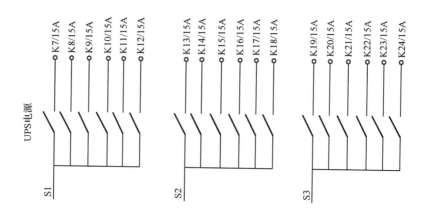

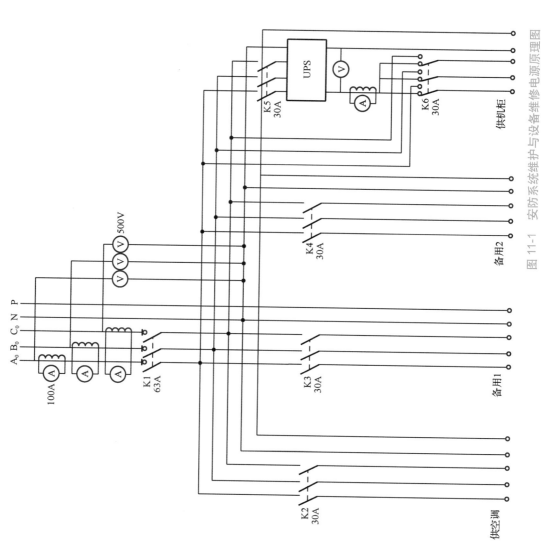

图 11-1 安防系统维护与设备维修电源原理图

（1）整个系统无电或其中一路或两路无电——进线故障或 K1 损坏。

（2）UPS 输入端无电；而空调系统供电正常——K5 损坏。

（3）三相电源的线电压的平衡性不好，线电压相差几十伏——中性线接地不良。

2．UPS 电源故障分析

（1）输入端有电，电池电压也正常，UPS 输出端无电——UPS 损坏或 UPS 没有设置在工作状态。

（2）输入端无电，UPS 输出端无电，电池电压不正常——电池问题或电源充电系统问题。

11.2.2 机房传输系统故障的维修

机房传输系统是安防系统控制机房中的重要组成部分，其主要功能是视频信号的回传及控制信号的下传，也包括一部分出入口控制信号的传输、入侵报警信号的传输。这里仅以视频系统为例进行分析。

1．信号光传输系统故障

光传输系统的故障主要有完全没有信号、模拟信号图像有噪点、数字信号出现马赛克、双纤光端机有图像但无法控制或能控制但无图像等。光传输系统故障处理中故障定位的一般思路为：先外部器件、后传输设备，也就是说在故障定位时，先排除外部的可能因素，如光纤断裂、电源中断等，再考虑传输设备，因此如何精确地将障碍点定位就显得十分重要。

1）光传输系统故障估计判断

光传输系统故障包括光端机和光链路故障，光端机主要起信号转换和光发射的作用，光链路是光的传输介质，而我们分析故障也可以从这方面入手，在检修光传输系统故障时，光功率计这个工具是必备的，光功率计主要是测试光发射的功率是否正常。检测光端机一般都按以下顺序进行。

（1）准备好光功率计、跳线、法兰、无水酒精、酒精棉等设备和材料。

（2）检查实际传输距离与所订购设备是否吻合。

（3）先根据故障状况及光端机自带的指示灯做出初步判断，利用此法一般的故障都能判断出来。

（4）测量光功率计光端机出纤功率是否正常，以判断光端机的发射模块是否正常，确认正常后，再通过光功率计测光纤的衰减是不是会太大。具体做法是将前端发射机的跳线接好，回到中心测量终端盒对应的光纤的功率，如无数据读出或读出数据小于参考值，则检查各接口法兰跳线的连接，并用酒精棉擦去连接头的灰尘，检查各熔接点和光缆的质量。

（5）通过以上步骤操作仍无数据读出，则可考虑用 ODTR（光时域反射器）设备测量是否有断路。

（6）一般通过以上步骤后，光端机故障原因就能查出来，经常碰到的故障原因及其

255

所引起的故障状况主要有：光端机光模块损坏会导致无光输出或光输出功率不够，造成无法传输；法兰盘故障会引起无光输出光衰减太大及光路不稳定；数据芯片故障会引起数据无法转换通信；视频芯片故障会引起视频无法转换传输；光纤故障会引起光路断开及光路不稳定等问题。

总的来说，光端机出故障的概率还是比较小的，而很多问题都是由于操作不当引起的。只要大家小心使用，光端机故障概率将会大幅降低。

2）常见的光链路故障分析

在安防监控工程中，光缆大多数都由用户自行敷设，一般为 G.652 单模光纤。由于系统覆盖范围一般都不大，用标配设备光链路损耗（≤20km）都很富余，因此，光端机对光路损耗没有过高的要求。但是用户常会遇到无图像、图像跳动、图像质量差等问题，这时多数问题都出在光路两端的尾纤、跳线或适配器上，而极少与主干光路有关。常见的问题有光纤活动连接器插入不正确、光纤活动连接器纤芯（陶瓷管）被污染等。

判断光链路故障是一个复杂的过程，从什么地方入手查找有一定的讲究，必要时可考虑用光时域反射器（OTDR）或光功率计测试光路损耗帮助查找判断。这里给出了一些常见的光纤故障及产生这些故障的可能因素，有助于故障定位。

（1）光链路完全不通，测光功率几乎为零。主要原因可能为施工中物理外力挤压或过度弯折等造成的光纤断裂；运行中外力撞击、冲击，火烧等造成的光纤断裂。

（2）接收端光功率不足，测光功率偏小。主要原因可能为光纤铺设距离过长造成信号丢失；连接器受损造成信号丢失；光纤接头和连接器（Connectors）故障造成信号丢失；使用过多的光纤接头和连接器造成信号丢失；光纤配线盘（Patchpanel）或熔接盘（Splicetra）连接处故障。

（3）光链路时断时续。主要原因可能为结合处制作水平低劣或结合次数过多造成光纤衰减严重；灰尘、指纹、擦伤、湿度等因素损伤了连接器；发射功率过低。

3）光端机（视频／数据复用光端机）故障判断步骤

（1）当光端机电源正常，但是工作不正常时，可按下述步骤进行：如果监视器黑屏，数据和摄像机控制功能正常。首先在确保光端机之间的视频 BNC 连接是完好的前提下，将光口的光纤拔掉。如果屏幕不再变黑但有雪花，则光连接可能是好的；如果监视器屏幕有雪花（噪声），数据和摄像机控制功能正常，则说明上行光传输的部分有问题。接着将发射机的光口光纤拔掉，换上一根光纤跳线，跳线的另一端插入光功率计测量光端机发射功率，如果读数与指标不符，说明发射机有问题；如果读数符合要求，则进一步检查连接器。如果脏了，可用无水酒精擦拭干净。如果这些都没有问题，则将原来的光纤再接入发射机的光口，用光功率计测量到达接收机输入光功率，看是否达到接收机的最小标定值。如果读数稍低，光纤（尾纤）可能有问题；如果读数非常低，光缆可能断，如果读数正常，则是接收机有问题；如果视频正常但摄像机的控制有问题，这说明上行光纤是好的。实践测量表明当光纤衰减增加时，视频的损失会比云台的控制数据损失更大，这点对于单纤双向光端机类似故障的判断非常有帮助。

（2）当光端机电源正常时，在传输云台的控制信号之前，先检查接收机上的 TD（数据活动）LED 指示灯。当数据传输时，指示灯常亮或是跟随操作而闪动。如果不是这样，则接收机可能有问题。

（3）当光端机电源正常时，把云台的控制信号送到与光纤连接的另一端——发射机上，RD 指示灯常亮或是跟操作而闪动，但摄像机还是不能正常工作，则可能是发射机有问题，也可能是解码器的问题。如果 RD 指示灯不亮，有可能发射机有问题，也可能是接收机有问题。

2．视频故障的分类分析

1）没有视频信号

没有视频信号的故障原因可能为光纤断路、光纤适配器故障、光端机故障、光端机无电源。检查发射设备是否供电正常，检查发射端对应通道视频指示灯是否点亮，若灯亮表示摄像机采集的视频信号已送入光端机前端，检查光缆是否连通，光端机及光缆终端盒的光接口是否松动。建议重新插拔一次光纤接头（如尾纤头太脏建议先用酒精棉花清洗待干后再插入）；若灯不亮，检查摄像机是否工作正常，以及摄像机到前端发射机的视频电缆是否连接可靠，视频接口是否松动或有虚焊等情况，检查接收设备是否供电正常，检查接收端对应通道视频指示灯是否点亮，若指示灯点亮（灯亮证明此时该通道已有视频信号输出），则检查接收端到监视器或 DVR 等终端设备间的视频电缆是否连接好，视频接口连接是否松动或有虚焊等情况。若接收端视频指示灯不亮，检查前端对应通道视频指示灯是否点亮（建议对光接收机重新上电以保证视频信号的同步性）。若以上方法不能排除故障且有同型号的设备时，可以采用替换检查法（要求设备具有互换性），即将光纤接到另一端工作正常的接收机或更换远端的发射机可以准确地判断故障设备。

2）模拟信号图像有噪点、数字信号出现马赛克

模拟信号图像有噪点、数字信号出现马赛克的原因可能为：光纤打小圈、光纤熔接损耗大、光纤连接器适配器故障。此种情况多是由光纤链路衰减过大或前端视频线缆过长受交流电磁干扰所致。在判断检查时，首先检查尾纤是否有弯折过度的地方（特别是多模传输时应尽量让尾纤舒展开切勿过度弯折）。接着检测光口和终端盒法兰盘连接处是否连接可靠，法兰磁芯是否破损；然后检查光口和尾纤是否过脏，应用酒精和棉花清洁待干后再插入。最后需要注意敷设线路时视频传输线缆尽量选用屏蔽性好传输质量较好的电缆且应尽量避开交流线路及其他容易引起电磁干扰的物体。

3）没有控制信号或控制信号不正常

没有控制信号或控制信号不正常的原因可能为其中一条光纤断路。这种故障首先应检查光端机数据信号指示灯是否正确，对照产品手册数据端口定义检查数据线是否连接正确且牢固可靠，特别是控制线的正负极有没有接反；检查控制设备（计算机、键盘或 DVR 等）所发出的控制数据信号格式是否和光端机所支持的数据格式一致（数据通信格式详细介绍见产品手册），波特率是否超过光端机所支持的范围。对照产品手册数据端口定义检查数据线是否连接正确且牢固可靠。

3．数据接口故障分析

为适应安防监控的需要，系统各种设备（矩阵、硬盘录像机、解码器）大都提供

RS-485方式的数据接口，此格式的数据接口的优点是传输距离长、负载能力强，并能组成四线全双工通信总线，线上任何两台设备都能实现双向通信，而四线RS-422总线则只能实现主、从机之间的双向通信，从机之间则不能。它的缺点是有一个使能端，呈三态形式，给通信带来不稳定甚至"卡死"现象。如果出现不能通信（失控），可从以下几方面查找原因。

（1）检测有无控制信号，用万用表交流10V挡测控制器（矩阵、硬录等）输出RS-485口，看其有无控制信号输出。

（2）判断光端机RS-485接口是否正常，若U_{A-B}电压为零，则视为不正常。

（3）系统运行正常偶有失控是由于系统处于临界状态，需增加控制器的负载能力（如接入码扩展器）、改善系统阻抗匹配、改善材质。经过以上措施后，系统就能长期稳定工作。云台乱转不能控，这种现象主要是RS-485端口A_+、B_-接反或系统阻抗严重不匹配等引起的。

4. TCP/IP网络故障的分析

（1）服务器无法与某硬盘录像机连接，可能为IP地址设置不对。

（2）TCP/IP整个网络联网不正常，可能是机房交换机问题。

11.2.3 机房记录、显示系统故障的维修

1. 数字矩阵电视上墙显示故障

近年来数字矩阵异军突起，大有取代模拟矩阵的势头，数字矩阵主要有成本优势、功能优势、可二次开发等特点。根据数字视频矩阵的实现方式不同，数字视频矩阵可以分为总线型和包交换型，其中包交换型在中心控制机房有较广泛的应用。

总线型数字矩阵就是数据的传输和切换是通过一条共用的总线来实现的，如PCI总线，总线型矩阵中最常见的就是PC-DVR和嵌入式DVR。它们都可以实现1路视频输出（还可以进行画面分割），两款产品都可以认为是一个只有1路视频输出的特殊数字视频矩阵。

包交换型数字视频矩阵是通过包交换的方式（通常是IP包）实现图像数据的传输和切换，又称网络矩阵。其实质是在原有模拟矩阵的基础上增加了编码传输的模块，该模块也称为视频编码器，远程客户端软件或监控中心软件可以通过软件连接该矩阵的编码模块，实现矩阵的网络化。包交换型矩阵目前已经比较普及，如已经广泛应用的远程监控中心，即在本地录像端把图像压缩，然后把压缩的码流通过网络（可以是高速的专网、internet、局域网等）发送到远端，在远端解码后，显示在大屏幕上。包交换型矩阵的优点是能实现远程控制和传输，以便上级部门对下级部门的集中管理和控制；网络矩阵的缺点是在原有模拟矩阵基础上增加了编码模块，增加了产品成本。由于要通过网络传输，因此不可避免地会带来延时，同时为了减少对带宽的占用，往往都需要在发送端对图像进行压缩，然后在接收端实行解压缩，经过有损压缩过的图像很难保证较好的图像质量，同时编、解码过程还会增大延时。所以目前包交换型矩阵还无法适用于对实时性和图像

质量要求比较高的场合。

包交换数字视频矩阵由于带解码卡,其解码卡发热量较大,在散热不良的情况下容易引起图像停顿、马赛克或死机等问题,另外包交换型的数字视频矩阵由于是在Windows 系统的平台上开发的,在使用过程中往往需要定期重新启动来提高系统的稳定性。相应的视频上墙显示部分主要故障如下。

(1) 电视墙上的某一监视器显示不正常——信号端口选择不对;视频上墙解码卡某端口没有接触好。

(2) 电视墙上的全部监视器显示不正常——电源故障;视频上墙解码卡问题;网络不通;视频服务器故障;视频上墙解码卡软件驱动问题。

2. 模拟矩阵故障

1) 编程部分故障分析

(1) 编程是否正确,有无遗漏之处。

(2) 使用分控键盘时,对监视器的分配和授权的编程是否正确。

(3) 设置报警监控和录像时,是否正确连接报警设备。编程是否合理(相关设备的数据是否冲突)。

(4) 连接外部受控设备。如快球、解码器、报警设备,要注意说明书所提供的数据端口,正确连接和编程。

2) 矩阵的硬件故障

(1) 开机无显示,查看熔断器。

(2) 32 路以上矩阵箱开机无显示,查看插板自查发光二极管工作是否正常。不正常时,重插该板。

11.2.4 机房接地系统故障的处理

1. 两地端地电位不平衡

在视频传输中,最常见的故障现象是 50Hz 的工频干扰。表现形式是在监视器的画面上出现一条黑杠或白杠,并且向上或向下慢慢滚动。这种现象多半是由系统产生了地环路而引入了 50Hz 工频干扰(交流电的干扰)所造成的。有时由于摄像机或控制主机(矩阵切换器)的电源性能不良(或局部损坏)也会出现这种故障现象(有时也会出现二条黑杠或白杠),因此,在分析这类故障现象时,要分清产生故障的两种不同原因。要分清是电源的问题还是地环路的问题,一种简易的方法是在控制主机上就近只接入一台电源没有问题的摄像机输出信号,如果在监视器上没有出现上述干扰现象,则说明控制主机无问题。接下来可用一台便携式监视器就近接在前端摄像机的视频输出端,并逐个摄像机查看,以便查找有否因电源出现问题而造成干扰的摄像机,如有,则对电源进行处理;如无,则干扰是由地环路等其他原因造成的。

2. 抗干扰器的使用

视频抗干扰器实际上就是一个陷波器,它在系统中的工作过程如图 11-2 所示,正常视频信号 a，由于受到干扰信号 b 的干扰，从而形成了带有干扰信号的视频信号 c，这时再让该信号通过抗干扰器，经过抗扰器处理以后原来的干扰信号就变成了信号 d，这里已经没有了干扰信号或说干扰已经很弱了，从图中也能看出，抗干扰器的选择不是任意的，首先应该知道干扰信号的频谱分布，然后根据频谱分布进行相应设计，这样才能得到一个好的效果，此外抗干扰器的使用，如同"刮骨疗伤"，其实它也会破坏正常信号的有效成分，所以抗干扰器的在使用应该是不得已而做出的选择。所以正常情况下应该是尽可能想办法拒干扰信号于系统之外而不是考虑进来以后如何将其滤除。

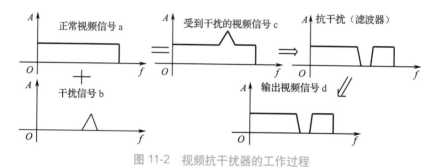

图 11-2　视频抗干扰器的工作过程

11.3　维修维护案例

11.3.1　监控系统没有接地引发的故障

某视频监控系统如图 11-3 所示，系统是由某工程商所做，业主反映本地监视情况还好，远地监视器图像有横条状的粗纹干扰，严重的时候图像很难看清，如图 11-4 所示，但一天下来偶尔也有一两个小时没有干扰的，曾叫工程商来处理了几次，起初他们怀疑是 200m 长的电缆质量不好，重新给换了一条，但仍然没有解决问题。首先切断画面分割器与录像机的信号连线，用录像机直接播放，远地监视器图像正常，基本上可以认为电缆部分没有问题，于是又接上画面分割器，切断 4 台摄像机，播放图像也没有干扰，逐台接上摄像机后，干扰逐渐加重。仔细观察摄像机走线，发现它与动力电源平行靠近架设，应该是受动力电源变频调速设备的干扰所致，想将它们与动力线分开难度很大，再仔细观察整个系统，发现本地没有整体接地，于是对系统进行了整体接地，故障排除。

根据经验，该干扰应该是与动力电源平行靠近架设的视频信号线受动力电源变频调速设备的干扰所致，干扰信号累积到画面分割器输入端，又通过远端的有线电视的进户电缆进行接地，这样干扰信号就与视频信号一起被送到远端监视上，就形成了看到的大

第 11 章　小型安防系统机房维护与故障处理

量有碍正常显示的干扰图像，严重影响了正常信号的显示。在近端做了直接接地后，干扰信号被就近直接送入大地，走远端接地的少了，干扰也就不明显或消失了。

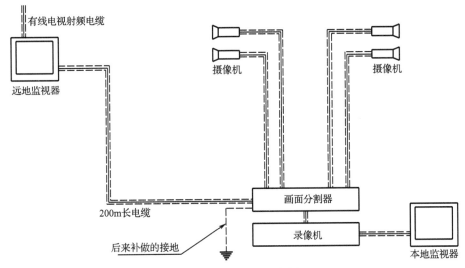

图 11-3　某视频监控系统连接图

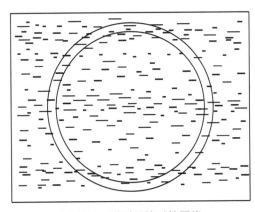

图 11-4　受到干扰时的图像

11.3.2　地电位不平衡引起的干扰

在通常情况下，把一个放在室外的摄像机的视频信号送入监控机房时，往往要两次接地，机房内的接地是为了保证系统可靠工作，室外摄像机为了避免雷击，机罩也要做可靠的接地，但在一些实际工程中机罩与摄像机的外壳也是连接在一起的，这样一来由于 V_1、V_2 的地电位差会在屏蔽层产生地电流低频干扰，如图 11-5 所示，这个地电流会对图像产生一定的干扰，主要是对同步的影响，当干扰比较厉害时将可能彻底使图像无法同步，如图 11-6 所示。从图中可以看出，机房的接地工作不可省，机罩的避雷接地也不可省，但摄像机外壳与机罩的连接却不是必需的，所以切断地电流的回路是消除地电

261

流最好的方法，因此采用单端接地或隔离变压器是可行的方法，在实际工程中切断摄像机外壳与机罩的电路连接是解决问题的关键，但具体实施中要加工一个绝缘垫块来完成安装支撑摄像机并保护摄像机不被雷击。当然利用隔离变压器或光纤传输也不失为一个好办法。如图 11-7 和图 11-8 所示是工程中的实测图像。

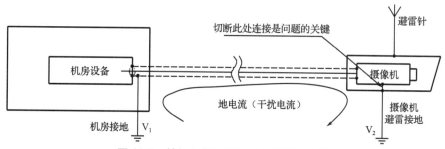

图 11-5　某视频监控系统多点接地的弊端

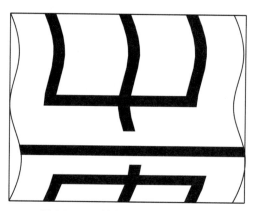

图 11-6　受地电流干扰时的图像

图 11-7　系统多点接地故障时的图像

图 11-8　处理好后的图像

11.3.3　几种电缆故障的图像

当视频电缆出现故障时，图像的还原质量就会因电缆的故障产生不同程度的变化，下面以在某实际工程中测试的图像为例进行说明。图 11-9 所示为无干扰视频原图像；图 11-10 所示为电缆轻度损伤时的图像，可以隐约看到有轻微的干扰，图 11-11 所示的电缆中度损伤时的图像，可以看到有明显的干扰出现（工程中出现的情况，大都在中度以下），图 11-12 所示为电缆重度损伤时的图像，可以看到有强干扰出现（工程中出现重度的情况很少见到）。

图 11-9　无干扰视频原图像　　　　　　图 11-10　电缆轻度损伤时的图像

图 11-11　电缆中度损伤时的图像　　　　图 11-12　电缆重度损伤时的图像

11.3.4　道路视频监控摄像机受到行驶汽车的干扰

处理方法：首先确定干扰是通过哪个部分进入系统的，是摄像机、传输线缆还是电源，方法是将视频电缆从摄像机上取下，用一个 75Ω 的假负载接入同轴电缆芯线和屏蔽层之间，看远程接收端的监视屏幕上是否能看到干扰信号，如果有说明同轴电缆屏蔽效果不良，如果没有任何干扰信号则说明干扰肯定不是通过辐射进入同轴电缆的，然后再把同轴电缆屏蔽层所在处的接地线搭接，看远程接收端的监视屏幕上是否能看到干扰信号，如果有说明两者之间地电位不平衡，需要另行处理，如果没有则继续进行下步检查，调换摄像机、调换电源，最后通过调换电源找到故障原因。

11.3.5　光端机输出无上拉电阻故障

这个光端机的故障表象为图像正常，但不能进行设备控制，用万用表测量 RS 485 总线，发现无任何电压输出，后咨询生产商，他们说这种光端机为开路输出，要靠接入设备提供上拉电阻才能工作，于是打开该光端机，在其输出端和电源电压 5V 端加上一个 $10k\Omega$ 的电阻，故障得以解决。注意：可能有部分厂家生产的部分光端机总线输出端没有上拉电阻。

11.4　实训与作业

11.4.1　课内实训

实训项目 11-1：汇总信号到控制中心的故障排查

根据第 9 章图 9-20 的系统连接方式，将每个分接收端得到的模拟信号经过硬盘录像机的处理后全部通过 TCP/IP 网络送回到终端机房，进行 TCP/IP 连接时要设置 DVR 的 IP 地址，在终端还要对整个系统进行相应的软硬件设置，整个连接过程需要对出现的故障进行排除。

11.4.2　作业

1．小型安防系统机房日常维护要求都有哪些？
2．小型安防系统机房日常维护内容都有哪些？
3．如果 UPS 检查后仍无法开机，该如何处理？
4．为什么停电时，UPS 放电时间不足？
5．信号光传输系统故障主要有哪些？
6．举例说明光传输系统故障的维修方法。
7．举例说明机房电源系统故障的维修方法。
8．举例说明机房接地系统所引起故障的维修方法。